# Conception d'un dispositif d'insertion des goutteurs

Abdrazek Arbi

# Conception d'un dispositif d'insertion des goutteurs

## Pour une ligne de production des tubes d'irrigation goutte à goutte

**Éditions universitaires européennes**

**Impressum / Mentions légales**
Bibliografische Information der Deutschen Nationalbibliothek: Die Deutsche Nationalbibliothek verzeichnet diese Publikation in der Deutschen Nationalbibliografie; detaillierte bibliografische Daten sind im Internet über http://dnb.d-nb.de abrufbar.
Alle in diesem Buch genannten Marken und Produktnamen unterliegen warenzeichen-, marken- oder patentrechtlichem Schutz bzw. sind Warenzeichen oder eingetragene Warenzeichen der jeweiligen Inhaber. Die Wiedergabe von Marken, Produktnamen, Gebrauchsnamen, Handelsnamen, Warenbezeichnungen u.s.w. in diesem Werk berechtigt auch ohne besondere Kennzeichnung nicht zu der Annahme, dass solche Namen im Sinne der Warenzeichen- und Markenschutzgesetzgebung als frei zu betrachten wären und daher von jedermann benutzt werden dürften.

Information bibliographique publiée par la Deutsche Nationalbibliothek: La Deutsche Nationalbibliothek inscrit cette publication à la Deutsche Nationalbibliografie; des données bibliographiques détaillées sont disponibles sur internet à l'adresse http://dnb.d-nb.de.
Toutes marques et noms de produits mentionnés dans ce livre demeurent sous la protection des marques, des marques déposées et des brevets, et sont des marques ou des marques déposées de leurs détenteurs respectifs. L'utilisation des marques, noms de produits, noms communs, noms commerciaux, descriptions de produits, etc, même sans qu'ils soient mentionnés de façon particulière dans ce livre ne signifie en aucune façon que ces noms peuvent être utilisés sans restriction à l'égard de la législation pour la protection des marques et des marques déposées et pourraient donc être utilisés par quiconque.

Coverbild / Photo de couverture: www.ingimage.com

Verlag / Editeur:
Éditions universitaires européennes
ist ein Imprint der / est une marque déposée de
OmniScriptum GmbH & Co. KG
Heinrich-Böcking-Str. 6-8, 66121 Saarbrücken, Deutschland / Allemagne
Email: info@editions-ue.com

Herstellung: siehe letzte Seite /
Impression: voir la dernière page
**ISBN: 978-3-8417-4663-4**

# Remerciements

Mon travail de projet de fin d'études a été réalisé au sein de S2E, SCIPP-IPA-AGRIGOUTTE, dirigé par Monsieur Mondher BELGAIED. Je tiens à lui exprimer ma gratitude pour m'avoir donné l'occasion d'accomplir mon projet dans S2E dans les meilleures conditions.

Mes remerciements vont en tout premier lieu, à Dieu, puis à mon encadreur Monsieur Mohamed-Ali REZGUI pour m'avoir épaulé durant cette période du projet. C'est grâce à leurs remarques, leurs conseils et à leurs soutiens que j'ai pu débuter dans la vie professionnelle dans d'excellentes conditions. Je les en remercie grandement.

Je tiens tout particulièrement à remercier Suissi Ridha qui me fait l'honneur de présider ce jury. C'est un plaisir de reconnaître ce que je dois à Monsieur Ghria Khaled, directeur de l'Ecole Nationale Supérieure d'Ingénieurs de Tunis (ENSIT) et à Madame Chiboub Moulka d'avoir accepté d'être le rapporteur de ce travail.

Je tiens à exprimer toute ma gratitude à l'ensemble des personnes de l'S2E qui, de près ou de loin, ont contribué à ce travail, plus particulièrement, M. Ahmad, Mounir et Tarak

À mes amis et plus particulièrement Hrizi Hatem, Ben Aziza Fadhel, Laila Khanjari, Maher Boulima, Gharbi Khouloud etc.

Cette page de remerciements ne pourrait pas se conclure sans que je remercie vivement mon père, Arbi Magtouf, ma mère Arbi Fatma, mes frères et mes sœurs, pour leurs encouragements et leurs soutiens dans mes projets personnels et professionnels durant ces années. Je dis tout ce que l'on ne peut pas écrire.

 Un grand merci à vous tous !!!

# SOMMAIRE

# Table des figures

# Table des tableaux

# INTRODUCTION GÉNÉRALE

L'irrigation au goutte-à-goutte est, par définition, une technologie d'irrigation. Cette technique a pris de l'essor au cours des deux dernières décades. On estime à trois millions d'hectares la surface des terres irriguées dans le monde par cette méthode, sur une superficie totale de vingt-cinq à trente millions d'hectares irrigués au moyen de technologies d'irrigation sous pression, la surface totale des terres irriguées étant évaluée à 270-280 millions d'hectares.

La technique d'irrigation au goutte-à-goutte possède de nombreux avantages sur les autres systèmes d'irrigation. La micro-aspersion augmente de façon significative l'efficacité de l'utilisation de l'eau et améliore les conditions de développement des cultures irriguées. Une gestion adéquate de l'eau peut réduire au minimum les pertes en eau et en éléments nutritifs au-dessous de la zone racinaire. Le système de goutte-à-goutte s'adapte véritablement à chaque parcelle de terrain, quelque soit sa forme, sa taille ou sa topographie.

Après la seconde guerre mondiale, des micros conduits furent utilisés pour l'irrigation sous serre en Angleterre et en France. En 1954, Richard Chapin développa aux Etats-Unis des goutteurs pour l'irrigation et les plantes en pot sous serre.

Cette technique présente une faible consommation en énergie relativement aux autres techniques d'irrigation sous pression comme l'aspersion et les systèmes d'irrigation mécanisés. Ce sont des systèmes facilement gérables par des contrôleurs automatiques.

Elle repose sur la performance du goutteur relative à son faible débit. Ce dernier est déterminé par le modèle et les dimensions du circuit d'eau, ainsi que par la pression et par l'orifice du goutteur. Plus la coupe transversale du circuit est étroite, plus le débit du goutteur, à une pression donnée, sera faible. Néanmoins, plus le passage d'eau est étroit, plus le risque d'obstruction du goutteur par des particules solides en suspension et par des précipités de produits chimiques est élevé.

En Tunisie, la société S2E dirigé par Monsieur Mondher BELGAIED, faisant partie du groupe SCIPP-IPA-AGRIGOUTTE est spécialisée dans la production des tubes d'irrigation goutte-à-goutte. Dans leur système de production des tubes d'irrigation, il a été observé une défaillance au niveau du mécanisme d'insertion des goutteurs dans les tubes. Ceci a généré des arrêts fréquents de la production.

C'est dans ce cadre que la société S2E nous a demandé de procéder à une nouvelle conception du système d'insertion et de préparer un dossier technique en vue de sa fabrication.

Dans ce rapport, on présente dans le premier chapitre l'entreprise S2E qui est partenaire de S2E internationale ainsi que ses activités principales.
Dans le deuxième chapitre, on présente une étude bibliographique portant sur les mécanismes de production de tube d'irrigation goutte-à-goutte.

L'analyse fonctionnelle du mécanisme avec les détails des fonctions du système et les solutions possibles sont détaillés dans le troisième chapitre.

Dans le quatrième chapitre, les solutions technologiques et un calcul RDM sont développés.

La conception assistée par ordinateur à travers CATIA et la simulation du mécanisme sont étudiés dans le cinquième chapitre.

Le sixième chapitre représente le dossier de fabrication de certaines pièces.

# CHAPITRE 1

# PRÉSENTATION DE L'ENTREPRISE

## S2E

## 1.1  Introduction

S2E est une entreprise anonyme privée qui participe depuis 1998 à la vie économique, elle est considérée comme le premier fabriquant en Tunisie certifié ISO 9001.

Son activité principale est la production du tubes d'irrigation goutte à goutte, la commercialisation de tous les accessoires relatifs et la production des tubes électriques.

Cette entreprise est située dans la zone industrielle ksar SAID Tunisie. Elle est partenaire avec S2E internationale qui détient 40% de capital.

S2E: société pour économie d'eau est constituée d'un local de production groupant une unité de production des articles d'injection est une unité d'extrusion cette entreprise offre l'emploi à 40 personnes dont la majorité est qualifiée.

## 1.2  Présentation de l'entreprise

### 1.2.1  Park machine injection:

Tableau 1 : machines d'injection et leurs caractéristiques

| Machine caractéristique | DEMAG | Billion |
|---|---|---|
| Tonnage | 150 T | 90 T |
| Force de verrouillage | 1500 KN | 900 KN |
| Passage entre colonne horizontale | 500 mm | 440mm |
| Passage entre colonne verticale | 50 mm | 440 mm |
| Ouverture mini | 150 mm | 180 mm |
| Ouverture maxi | 500 mm | 400 mm |
| Type de fermeture | Mécanique | Mixte |
| Type d'éjection | Hydraulique | Hydropneumatique |
| Ejection limite | 160 mm | 110 mm |
| Course de dosage | 203 mm | - |

Le tableau ci-dessus met en évidence les machines d'injection DEMAG et Billion et ses différentes caractéristiques.

### 1.2.2 Park moule:

Tableau 2 : les moules et leurs caractéristiques

| Moule<br>Caractéristique | Moule à une plaque avec canaux chauds | Moule à un noyau avec canaux chaud | Moule avec éjection simple |
|---|---|---|---|
| Epaisseur | 350mm | 387mm | 220mm |
| Largeur | 446mm | 392mm | 260mm |
| Longueur | 490mm | 492mm | 278mm |
| Force de verrouillage | 1400KN | 1350KN | 7KN |
| Type de reçu brise | Conique | Conique | Conique |

Le tableau ci-dessus présente les moules à une plaque avec canaux chauds, à un noyau avec canaux chaud et avec éjection simple ainsi que ses différentes caractéristiques.

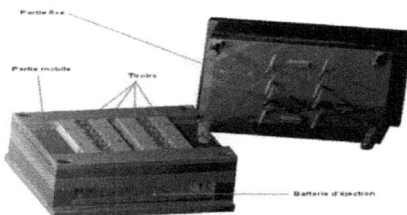

Figure 1 : le moule

### 1.2.3 Park machine extrusion:

Tableau 3 : les extrudeuses et leurs caractéristiques

| Machine<br>Caractéristique | Extrudeuse 1 | Extrudeuse 2 | Extrudeuse 3 |
|---|---|---|---|
| Diamètre vis | 60mm | 60mm | 60mm |
| Longueur vis | 2000mm | 2000mm | 2000mm |
| Pression maxi | 280 bars | 280bar | 280bar |

Ce tableau présente les extrudeuses, pour chacune le diamètre de la vis, sa longueur et la pression maximum.

Figure 2: extrudeuse

### 1.2.4   Park filière :

Tableau 4 : les filières et leurs caractéristiques

| Caractéristique \ Filière | Filière pour tube goutte à goutte | Filière pour tube électrique |
|---|---|---|
| **Diamètre** | 20mm/16mm | 11mm/13mm/16mm |
| **Matière utilisée** | Polyéthylène basse densité PEBD | Mélange polythène basse densité 90% +polyéthylène haute densité 10% |

Le tableau précédent présente les différentes filières et ses caractéristiques.

### 1.2.5   Les articles fabriqués :

### 1.2.5.1 Injection

S2E, grâce à des machines d'injection plastique, fabrique plusieurs produits. On cite par exemple les gouteurs qui sont fabriqués en différentes catégories relativement au débit donné. On trouve par exemple les goutteurs à 2 litres par heure, les gouteurs à 4 litres par heure et les gouteurs à 8 litres par heure.

D'autre part, la société fabrique des clips qui sont des pièces plastiques utilisées pour l'attachement des tubes d'irrigation.

Figure 3 : un clips

Parmi les produits fabriqués on trouve aussi les bouchons et les manchons

**Figure 4: un manchon**

Dans l'atelier des machines d'extrusion, des produits diversifiés sont réalisés. Des extrudeuses produisent les tubes d'irrigation avec goutteurs insérés, d'autres servent à fabriquer les tubes simples ayant la couleur noir le reste fabrique les tubes électriques avec la couleur gris.

**Figure 5 : Les goutteurs**

Le goutteur est le dispositif central du système d'irrigation au goutte-à-goutte. Les goutteurs sont de petits émetteurs en matière plastique. La conception et la production d'un goutteur de haute qualité est un processus délicat et compliqué. Pour fabriquer les goutteurs les plus efficaces possible, il est nécessaire de faire des compromis prenant en compte des exigences diverses et contradictoires.

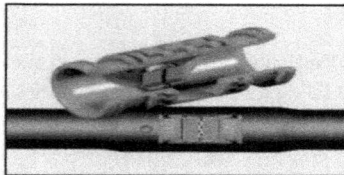

**Figure 6 : Tube d'irrigation avec insertion goutteur**

**Figure 7 : Tube électrique**

### 1.2.6  Extrusion des tubes (goutte à goutte) :

### 1.2.6.1  Définition :

L'extrusion du tube est une technique de transformation de la matière thermoplastique d'une façon contenu son réglage de mise en équilibre peut variée entre deux et huit heures, sa production peut atteindre plusieurs jours de fabrication. C'est une technique qui occupe une place importante environ 40% en poids des produits thermoplastiques, elle est caractérisée par la multiplicité des produits dont la réalisation est possible à partir d'un même équipemennt de base (l'extrudeuse).

### 1.2.6.2  Principe :

On dispose pour cette technique d'une machine comportant essentiellement un fourreau cylindrique chauffé dans lequel vient tourner une vis qui pousse de façon contenu une matière ramollie par la chaleur ; à travers l'orifice de sortie qui constitue la filière.

### 1.2.6.3  Présentation de la ligne d'extrusion :

Généralement une ligne d'extrusion du tube se compose de plusieurs éléments. Un système d'alimentation et de ménage de la matière (mélangeur compresseur) suivi par une extrudeuse. Un système de refroidissement est installé à la suite et précède un système de marquage.
La ligne comporte aussi une tireuse et un enrouleur.
Et dans le cas de l'entreprise S2E puisqu'elle produit le tube d'irrigation au goutte à goutte le responsable a ajouté deux systèmes de plus :

- ✓ Système d'insertion des goutteurs.
- ✓ Système de perforation (perforeuse).

### 1.2.6.4  Le rôle de l'élément composant :

Le mélangeur assure à la fois le mélange peignage des matières premières. La majorité des mélangeurs sont fixées à l'avance en entrée.
L'extrudeuse mono-vis est une machine très répondue dans l'industrie plastique. Elle est caractérisée  par sa vis à traves laquelle la matière plastique granulée sera remoulée et transformée dans un cylindre réglé en température.
Grâce au frottement de la matière dans le cylindre chauffé et la rotation de la vis, le polymère est fondu et passe progressivement par la vis jusqu'à la filière par laquelle la matière prend la forme du poinçon en passant par l'entrefer sous forme de tube.
L'extrudeuse est composée d'une vis, un cylindre et leur équipement, un groupe moteur, une tète d'extrusion porte filière et une centrale de commande et de contrôle.

**Figure 8: Système de refroidissement**

Les tuyaux goutte à goutte sont dites à diamètre extérieur calibrée. Il existe un type de refroidissement dans lequel les parois encore chauds sont déformables par la pression de l'air à l'intérieur du tube, ce système s'appelle le conformateur en bac d'eau sous vide.

L'extradât est arrosé par l'eau à son entrée au conformateur, le refroidissement facilite l'avancement des tuyaux dans le canal du conformateur donc il a pour rôle principal l'abaissement de la température du tube.

Le système de marquage est placé après l'extrudeuse dans la ligne. Il doit être programmé et encré de couleurs déférents au tube.

La projection des jets d'encre sur le tube permet de marquer la date, l'heure de production, le nom de société, le diamètre et le code du tube.

Le dispositif d'insertion est une machine automatisée, elle est composée de trois parties ; Un système de transport, un mécanisme d'insertion et une interface d'opérateur.

Suite à un jet d'air commandé par un capteur, les goutteurs tombent dans un bol, puis ils sont disposés alignés dans une cavité, celle-ci est en face de tige d'insertion qui les introduit dans les tuyaux à travers un serviteur à commande électrique et guidé par un variateur de distance programmable. Ce système est situé juste avant la filière

La perforeuse est un appareil qui permet d'opérer avec trois différents diamètres. C'est un système pneumatique destiné à trouer le tube au niveau du goutteur collé pour permettre le passage d'eau désiré par heur.

La tireuse assure le tirage du tube à une vitesse à peu prés égale à la vitesse du l'extrudeuse.

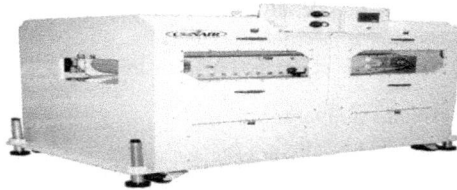

**Figure 9 : La tireuse**

Le produit est enroulé sur la bobine dont sa vitesse de rotation est liée à la vitesse de la tireuse puis le tube sera scié à la longueur désirée manuellement.

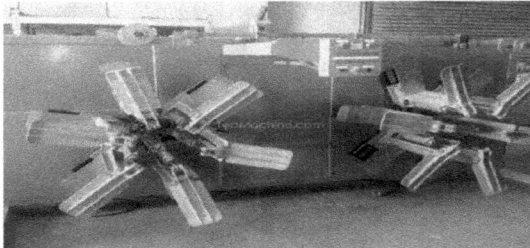

**Figure 10 : Enrouleuse**

### 1.2.7 Principe de démarrage de ligne d'extrusion :

Il fallait tout d'abord Mettre la machine sous tension et on met l'extrudeuse en chauffe pendant une heure à une heure et demie en plein chauffe en température indiquée sur la fiche de réglage. Puis on vérifie si tous les thermorégulateurs indiquent bien la température affichée. Par la suite on remplie la trémie par la matière plastique en actionnant l'ensemble d'alimentation. On démarre la centrale frigorifique puis il faut actionner la pompe à eau de la ligne avant de faire écouler la matière au niveau de la tête en augmentant progressivement la vitesse de la vis à l'aide d'un bouton poussoirs de variateur de vitesse en contrôlant les valeurs indiquées sur le tachymètre.

Une fois l'aspect visuel de la matière dégagée est homogène, démarrer la pompe à vide, procéder à l'assemblage de tuyaux et démarrer la tireuse et régler sa vitesse à la valeur mentionnée sur la fiche de réglage. Il fallait contrôler la production au cours du temps.

### 1.2.8 Les défauts rencontrés et méthode de réglages en général :

Lors de la production, on peut constater des défauts de temps en temps qui peuvent apparaissent :

Tableau 5 : les défauts et les méthodes d'intervention

| Défaut | Méthode de réglage |
|---|---|
| Perforation tube | Réglage perforeuse, préciser la position de l'aiguille |
| Défaut insertion goutteurs | Vérifier la qualité de goutteurs, changement de goutteur, positionner le vérin d'insertion |
| Collage goutteur dans le tube | Augmenter la température, diminuer la dépression de façon ne dépasse 0.2 bar |
| Epaisseur tube | Précision et centrage de poinçon et filière |
| Aspect visuel du goutteur | Etuvage matière, aspiration de la poussière, entretien poinçon filière |
| Diamètre et extérieur tube | Etanchéité du bac sous vide et fonctionnement pompe à vide |

## 1.3 Conclusion

Dans ce chapitre, nous avons mené une présentation de S2E et ses différents équipements. Le chapitre suivant sera consacré à la recherche bibliographique.

# CHAPITRE 2

# RECHERCHE BIBLIOGRAPHIQUE

**Mécanisme de production de tube**

**D'irrigation goutte-à-goutte**

## 2.1 Introduction

Dans ce chapitre, on va présenter l'étude bibliographique dans le but de définir l'opération d'insertion et son principe de fonctionnement.

## 2.2 Présentation de la machine

Trois parties constituent le dispositif d'insertion :

1- Système de transport
2- mécanisme d'insertion
3- Commandes de l'interface opérateur

### 2.2.1 Système de transport

La trémie contient les gouteurs à transporter jusqu'au bol au moyen d'un distributeur vibrant à vitesse linéaire installé sous la trémie.

Figure 11 : la trémie des goutteurs

Un capteur situé au bol commande le fonctionnement marche/arrêt du distributeur vibrant et la quantité des goutteurs transportés jusqu'au bol est commandée par la vitesse linéaire de vibration réglée à l'arrière de la trémie.

A partir du bol, les goutteurs sont acheminés par un convoyeur jusqu'au mécanisme d'insertion

Un capteur situé au milieu du convoyeur commande l'alimentation des goutteurs sur le convoyeur à partir du bol.

Lorsque le convoyeur est rempli de goutteurs, un jet d'air souffle les goutteurs jusqu'au centre du bol. Quand le convoyeur est vide, les jets d'air s'arrêtent et les goutteurs tombent sur le convoyeur.

### 2.2.2 Mécanisme d'insertion

Le mécanisme d'insertion pousse les goutteurs pour les transférer du convoyeur au croisillon. Le convoyeur pousse les gouteurs dans une cavité mobile qui les amène en face de la tige d'insertion.

La tige pousse les goutteurs en avant et les introduit dans le tuyau à travers le croisillon.

Le cylindre revolver est accouplé à un moteur qui commande son mouvement de rotation.

Un servomoteur à commande électrique contrôle le mouvement de la tige d'insertion d'avant en arrière.

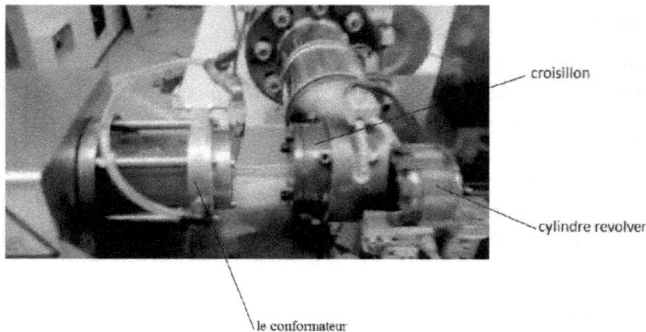

croisillon

cylindre revolver

le conformateur

Une interface permet à l'opérateur de programmer la production. Pour saisir les données d'insertion dans l'interface opérateur, on doit appuyer sur l'option requise (par exemple, espacement des goutteurs), puis sur CLEAR pour effacer les données précédentes, on introduit les nouveaux chiffres (par exemple, 1000 pour représenter un espacement de 1000 mm ou 1 mètre) en suite appuyer sur ENTER pour valider le changement de paramètre.

### 2.2.3 Logique de fonctionnement

Après avoir poussé le bouton START et envoyé le signal d'insertion au système à partir du PLC, la logique de fonctionnement suivante dirige les opérations :

Le système vérifie si le cylindre revolver et la tige d'insertion sont à leur position de repos respective. Dans la négative, une alarme intermittente est déclenchée.

Quand toutes les pièces se trouvent à leurs positions de repos, la tige d'insertion se déplace vers l'avant pour pousser le goutteur dans le croisillon.

Quand la tige d'insertion n'est pas détectée par le commutateur de proximité, ceci signifie que la tête de la tige d'insertion et le goutteur se trouvent déjà à l'intérieur du croisillon.

Ceci est le signal qui provoque le maintien en position de repos pour le cylindre revolver pour permettre la saisie d'un autre goutteur et le recule de la tige d'insertion.

Après que le goutteur ait été poussé dans le tube, le capteur de linéarité du cylindre signale cette situation au PLC et donne à la tige d'insertion le signal de retour à la position de repos.

En même temps, un nouveau goutteur entre dans le cylindre revolver et s'arrête à la butée où le capteur à fibre optique chargé de la détection des pièces permet de signaler cette présence au PLC.

Le cylindre est alors prêt à tourner. Ce mouvement ne peut avoir lieu qu'après le retour en positon de repos de la tige d'insertion et qu'après envoi au PLC d'un signal de confirmation du capteur à fibre optique. Lorsque le cylindre revolver et la tige d'insertion sont revenus à leur position de repos, le système est prêt à entamer un nouveau cycle.

### 2.2.4 Processus de fabrication

La présente technique est relative à un procédé de fabrication de tuyaux d'irrigation goutte-à-goutte.

Il est de technique courante d'utiliser, pour certaines irrigations, des tuyaux dits "goutte-à-goutte". Il s'agit de tuyaux dont la paroi est percée, à des intervalles fixés à l'avance, par des trous de petits diamètres, par lesquels s'écoule l'eau dans le sol. Pour contrôler avec précision le débit des trous, on prévoit un limiteur de débit, couramment appelé "goutteur", qui se compose d'une pièce de matière plastique, qui est collée sur la paroi interne du tuyau. Cette pièce présente, du côté tourné vers la paroi intérieure du tuyau, une partie en creux, qui forme une chambre collectrice. Cette chambre collectrice est reliée à l'espace intérieur du tuyau par un conduit à pertes de charge calculées, par exemple un conduit formant labyrinthe. Ce labyrinthe est constitué par une rainure préparée à l'avance sur la face du goutteur qui est destinée à être tournée vers la face interne du tuyau.

Dans la pratique, dans la plupart des cas, un tel tuyau d'irrigation est fabriqué de la manière suivante :

Du polymère, polyéthylène en général, est envoyé dans une extrudeuse et celle-ci produit, en continu, et via une tête de formage, un tube dans les dimensions voulues. Dès que le tube, encore chaud, sort de la tête d'extrusion, un goutteur, amené à travers la tête d'extrusion, est pressé contre la paroi intérieure du tube et se colle contre celui-ci en fondant localement.

Une fois l'ensemble tuyau-goutteur refroidi dans un bac à eau, un trou est percé dans la paroi du tuyau, au droit de la chambre collectrice.

La réalisation d'une ouverture dans le tuyau est ensuite exécutée par des moyens classiques et mécaniques (foret et perceuse).

Pour fixer les goutteurs, il est prévu que le mandrin présente un passage axial à l'intérieur duquel est disposée une tige de guidage. Cette tige de guidage reçoit des goutteurs à partir d'un dispositif d'alimentation. Un dispositif de déplacement, muni d'un poussoir, est disposé pour faire avancer les goutteurs jusque dans les dispositifs de refroidissement et calibrage. Les dimensions de la pièce de guidage sont calculées pour que, à cet endroit, l'ébauche de tube, dont le diamètre est réduit par cet appareillage, vient en contact avec le goutteur au moment où elle est encore pâteuse, ce qui assure le thermo-soudage de la face supérieure du goutteur contre la paroi intérieure de l'ébauche. Une telle disposition est déjà connue.

**Revendications**

✎ Procédé de fabrication de tuyaux d'irrigation goutte-à-goutte, comprenant les opérations constituant à : préparer un tuyau continu par extrusion, souder sur la paroi intérieure du tuyau un limiteur de débit comprenant une paroi étanche qui définit avec la paroi intérieure du tuyau une chambre de collecte reliée à l'espace intérieur du tuyau par un conduit à pertes de charge calculée, et percer la paroi du tuyau de façon à mettre la chambre de collecte en communication avec l'extérieur.

✎ Procédé caractérisé en ce qu'on fait défiler le tuyau à une vitesse à peu près constante, on mesure cette vitesse, et on détermine le moment de perçage du trou en tenant compte de l'instant de détection du début et/ou de la fin du passage d'un limiteur de débit, de la vitesse de défilement, de la distance entre les extrémités du limiteur de débit et de sa chambre de collecte, et de la position relative du capteur et du poste de perçage.

## 2.3 Conclusion

C'est dans ce cadre que notre projet de fin d'étude proposé par S2E se présente comme la conception d'une machine inexistante sur le marché local et dont l'entreprise a besoin.

# CHAPITRE 3

## ANALYSE FONCTIONNELLE

# Analyse fonctionnelle

## 3.1 Introduction

Il s'agit d'une analyse qui part du besoin pour définir les fonctions attendues d'un produit. Lors de cette analyse, le produit n'existe pas encore, à fortiori aucune solution n'est envisagée. On se place du point de vue du client.

## 3.2 Analyse de la valeur

### 3.2.1 Enoncer le besoin :

Pour énoncer le besoin, il suffit de répondre aux trois questions :

A qui (à quoi) le produit rend service ?   →   L'utilisateur

Sur quoi agit-il ?   →   Un goutteur

Dans quel but ?   →   Insérer les goutteurs en bonne position

### 3.2.2 Besoin énoncé:

Le dispositif à concevoir rend service à l'utilisateur en lui permettant d'insérer le goutteur en bonne position dans le tuyau en extrusion.

## 3.3 Analyse du besoin :

Tableau 6 : Analyse du besoin

| Utilisateur | Nécessité Ou désir éprouvé | Exprimé Ou implicite | Catégorie Du Besoin |
|---|---|---|---|
| Industriel | Nécessité | Exprimé | Réalisation de soi |

En effet, la manière avec laquelle le goutteur doit être inséré est très importante puisque l'insertion du goutteur avec inclinaison par rapport au tuyau en extrusion crée un évidement entre le goutteur et la paroi, ce qui provoque un changement de débit d'irrigation désiré.

### 3.3.1 Validation du besoin

Après avoir déterminé le besoin à satisfaire, il faut montrer l'intérêt de son apparition en se posant les trois questions suivantes.

#### 3.3.1.1 Pourquoi ce produit existe-t-il ?

La conception du goutteur est faite pour conduire l'eau d'irrigation dans le circuit réalisé à fin de garantir un débit bien déterminé. Le goutteur doit être, tout d'abord, inséré dans le tuyau d'irrigation dans la bonne position, celle qui n'empêche pas l'eau de circuler dans le chemin qui donne son débit d'écoulement voulu, d'où la raison de l'existence du système d'insertion.

#### 3.3.1.2 Qu'est ce qui pourrait évoluer ce besoin ?

L'adoption de la technique d'irrigation goutte à goutte.

### 3.3.1.3 Qu'est ce qui pourrait le faire disparaitre ?

Trouver d'autres solutions qui résolvent le problème de gaspillage d'eau d'irrigation ou l'évolution des techniques d'irrigation peuvent disparaitre ce besoin.

### 3.3.1.4 Techniques d'identification des fonctions :

Les fonctions de services sont les actions du produit avec son milieu extérieur qui contribue à la satisfaction des besoins .Ces fonctions doivent être recensées en mettant le système dans son environnement d'utilisation et en recherchant les composants extérieurs qui influent sur le système à l'aide de l'outil du diagramme pieuvre.

Les éléments sur lesquelles agit le produit :

- Goutteur
- Filière
- Tuyau
- Ouvrier
- Source d'énergie

**Outil pieuvre**

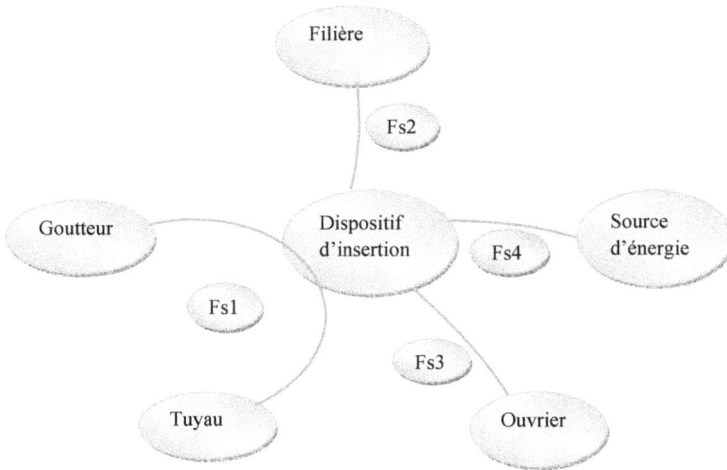

Fs1 : insérer le goutteur dans le tuyau : fonction principale

Fs2 : aligner le goutteur avec la filière

Fs3 : permettre à l'ouvrier d'intervenir

Fs4 : s'adapter avec la source d'énergie

## 3.4    Expression fonctionnelle du besoin

Tableau 7 : Expression fonctionnelle du besoin

| Fonction | Critère | Niveau | Flexibilité |
|---|---|---|---|
| Insérer le goutteur dans le tuyau | - Cadence des goutteurs <br> - Dimensions du goutteur <br> - Nombre de goutteurs par longueur | - Un goutteur chaque 10cm <br> - Un goutteur chaque 25 cm <br> - Un goutteur chaque 33 cm <br> - Un goutteur chaque 75 cm <br> - Un goutteur chaque 100 cm | - ±1 <br> - ±1 |
| Aligner le goutteur avec la filière | - Niveau de tige d'insertion <br> - Position du cylindre revolver | - Co-axialité avec la tige d'insertion <br> - Concentricité avec le cylindre revolver | - ±0.1 <br> - ±0.1 |
| Permettre à l'ouvrier d'intervenir | - Nombre minimal de goutteurs disponibles <br> - Poids des goutteurs disponibles | - 20 goutteurs en permanence <br> - Un poids de 100 grammes | - ±1 <br> - ±2 g |
| S'adapter avec la source d'énergie | - Voltage <br> - Emplacement <br> - Tension <br> - Type d'alimentation | - 220 V <br> - 380 V <br> - triphasé | ±5 V |

### 3.4.1   Hiérarchisation des fonctions de service

Pour hiérarchiser les fonctions de service selon leurs importances, on a utilisé une méthode appelée méthode de tri-croisé représentée par le tableau 2. Cette méthode permet de comparer les fonctions de service une à une et attribuer à chaque fois une note de supériorité comprise entre 0 et 3.

**Méthode de trie croisé :**

0 : pas de supériorité
1 : légèrement supérieur
2 : moyennement supérieur
3 : nettement supérieur

| Fs1 | Fs2 | Fs3 | Fs4 | Total | % |
|-----|-----|-----|-----|-------|---|
| | Fs1 1 | Fs1 2 | Fs1 3 | 6 | 66.66 % |
| | | Fs2 2 | Fs2 2 | 2 | 22.22 % |
| | | | Fs3 1 | 1 | 1.11 |

### 3.4.2 Méthode FAST

Pour réaliser les fonctions de service énoncées précédemment, un produit est constitué de composants, de pièces mécaniques, etc. Ces ensembles de pièces réalisent des fonctions techniques permettant de satisfaire les fonctions de service. Pour déterminer ces ensembles on utilise la méthode FAST.

**Fonctions de service**

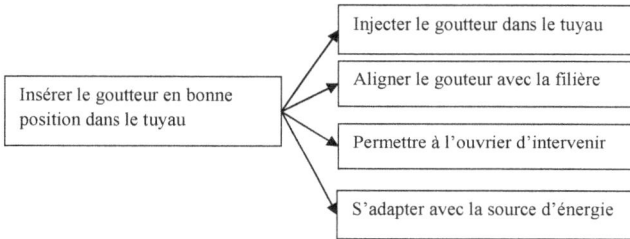

Insérer le goutteur en bonne position dans le tuyau

- Injecter le goutteur dans le tuyau
- Aligner le gouteur avec la filière
- Permettre à l'ouvrier d'intervenir
- S'adapter avec la source d'énergie

**Fonctions de principe**

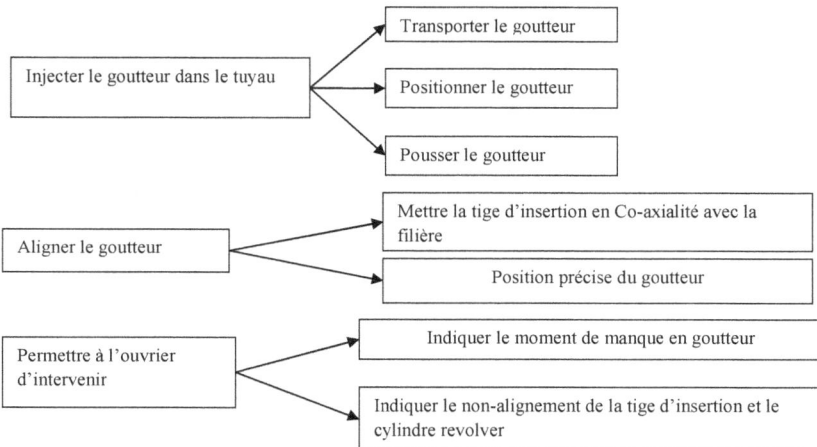

Injecter le goutteur dans le tuyau

- Transporter le goutteur
- Positionner le goutteur
- Pousser le goutteur

Aligner le goutteur

- Mettre la tige d'insertion en Co-axialité avec la filière
- Position précise du goutteur

Permettre à l'ouvrier d'intervenir

- Indiquer le moment de manque en goutteur
- Indiquer le non-alignement de la tige d'insertion et le cylindre revolver

# Analyse fonctionnelle

## Fonctions techniques

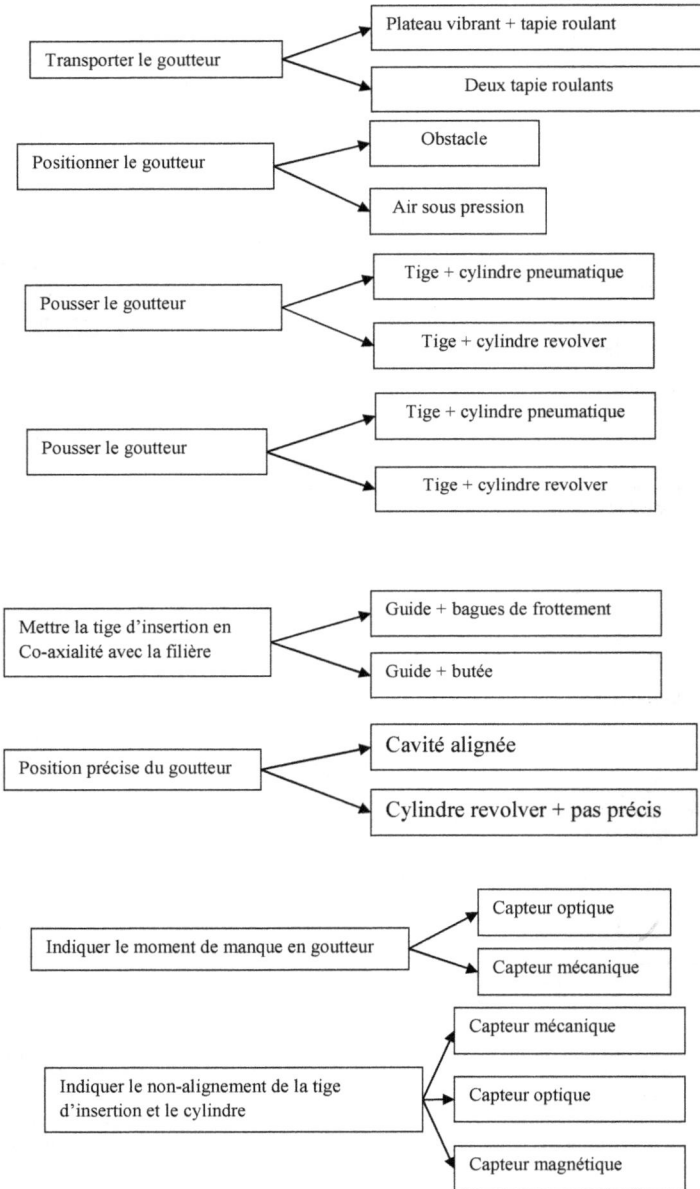

| | |
|---|---|
| Transporter le goutteur | Plateau vibrant + tapie roulant |
| | Deux tapie roulants |
| Positionner le goutteur | Obstacle |
| | Air sous pression |
| Pousser le goutteur | Tige + cylindre pneumatique |
| | Tige + cylindre revolver |
| Pousser le goutteur | Tige + cylindre pneumatique |
| | Tige + cylindre revolver |
| Mettre la tige d'insertion en Co-axialité avec la filière | Guide + bagues de frottement |
| | Guide + butée |
| Position précise du goutteur | Cavité alignée |
| | Cylindre revolver + pas précis |
| Indiquer le moment de manque en goutteur | Capteur optique |
| | Capteur mécanique |
| Indiquer le non-alignement de la tige d'insertion et le cylindre | Capteur mécanique |
| | Capteur optique |
| | Capteur magnétique |

## 3.5  Conclusion

Dans l'analyse fonctionnelle d'un mécanisme, l'objet technique remplit une fonction déterminée qui répond au besoin d'un utilisateur lui-même conditionné par différents facteurs (techniques, économiques, réglementaires, sociologiques...). La fonction ainsi déterminée est décomposée en sous - fonctions de plus en plus simples auxquelles on apportera des solutions techniques. Ces fonctions sont définies en termes de finalités sans aucun apriori de solutions. La diversité des solutions techniques possible déterminera l'ampleur du choix d'appareils ayant la même fonction globale.

# CHAPITRE 4

# ETUDE CINÉMATIQUE
# ET
# STATIQUE

## 4.1 Introduction

Le but principal de cette étude est de permettre de progresser techniquement au travers d'une meilleure compréhension de certains détails du système régissant le domaine de la cinématique et qui agissent directement sur notre mécanisme.

## 4.2 Analyse du mécanisme

### 4.2.1 Chaîne cinématique et graphe des liaisons

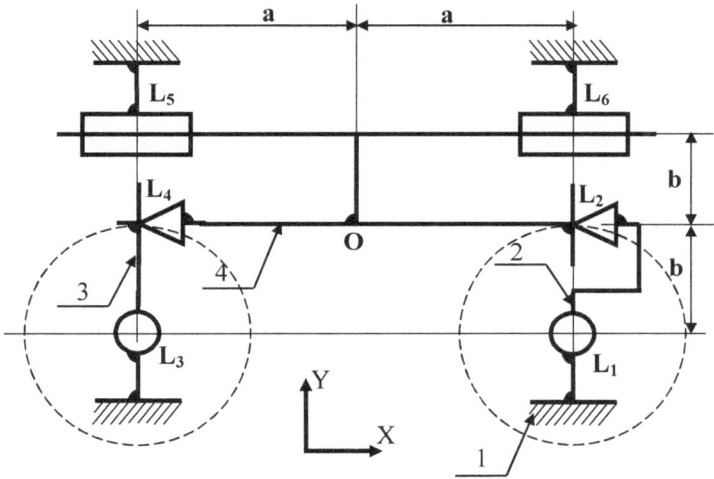

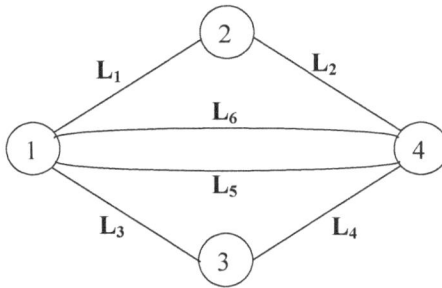

**Bilan**

| | |
|---|---|
| Nombre d'inconnues cinématiques | **Ic = 14** |
| Nombre d'équations scalaires cinématiques | **Ec=18** |

| Nombre d'inconnues statiques | **Is = 22** |
|---|---|
| Nombre d'équations scalaires statiques | **Es=18** |

Indice de mobilité $\quad$ **m = Ic-Ec = Es-Is = - 4**

### 4.2.2 Etude cinématique

**Torseurs cinématiques**

$L_1$: Liaison pivot

$$\{V_{1/2}(L_1)\}_O = \begin{pmatrix} a \\ -b \\ 0 \end{pmatrix} \times \left\{ \begin{matrix} 0 & | & 0 \\ 0 & | & 0 \\ \gamma_1 & | & 0 \end{matrix} \right\}_A = \left\{ \begin{matrix} 0 & | & -b\gamma_1 \\ 0 & | & -a\gamma_1 \\ \gamma_1 & | & 0 \end{matrix} \right\}_O$$

$L_2$: Liaison linéaire rectiligne

$$\{V_{2/4}(L_2)\}_O = \begin{pmatrix} a \\ 0 \\ 0 \end{pmatrix} \times \left\{ \begin{matrix} \alpha_2 & | & 0 \\ 0 & | & v_2 \\ \gamma_2 & | & w_2 \end{matrix} \right\}_B = \left\{ \begin{matrix} \alpha_2 & | & 0 \\ 0 & | & v_2 - a\gamma_2 \\ \gamma_2 & | & w_2 \end{matrix} \right\}_O$$

$L_3$: Liaison pivot

$$\{V_{1/3}(L_3)\}_O = \begin{pmatrix} -a \\ -b \\ 0 \end{pmatrix} \times \left\{ \begin{matrix} 0 & | & 0 \\ 0 & | & 0 \\ \gamma_3 & | & 0 \end{matrix} \right\}_C = \left\{ \begin{matrix} 0 & | & -b\gamma_3 \\ 0 & | & a\gamma_3 \\ \gamma_3 & | & 0 \end{matrix} \right\}_O$$

$L_4$: Liaison linéaire rectiligne

$$\{V_{3/4}(L_4)\}_O = \begin{pmatrix} -a \\ 0 \\ 0 \end{pmatrix} \times \left\{ \begin{matrix} \alpha_4 & | & 0 \\ 0 & | & v_4 \\ \gamma_4 & | & w_4 \end{matrix} \right\}_D = \left\{ \begin{matrix} \alpha_4 & | & 0 \\ 0 & | & v_4 + a\gamma_4 \\ \gamma_4 & | & w_4 \end{matrix} \right\}_O$$

$L_5$: Liaison pivot glissant

$$\{V_{1/4}(L_5)\}_O = \begin{pmatrix} -a \\ b \\ 0 \end{pmatrix} \times \left\{ \begin{matrix} \alpha_5 & | & u_5 \\ 0 & | & 0 \\ 0 & | & 0 \end{matrix} \right\}_E = \left\{ \begin{matrix} \alpha_5 & | & u_5 \\ 0 & | & 0 \\ 0 & | & -b\alpha_5 \end{matrix} \right\}_O$$

$L_6$: Liaison pivot glissant

$$\{V_{1/4}(L_6)\}_O = \begin{pmatrix} a \\ b \\ 0 \end{pmatrix} \times \left\{ \begin{matrix} \alpha_6 & | & u_6 \\ 0 & | & 0 \\ 0 & | & 0 \end{matrix} \right\}_F = \left\{ \begin{matrix} \alpha_6 & | & u_6 \\ 0 & | & 0 \\ 0 & | & -b\alpha_6 \end{matrix} \right\}_O$$

**Système d'équations torsorielles cinématiques**

**Cycle I:** $\quad 1 \overset{L_1}{\to} 2 \overset{L_2}{\to} 4 \overset{L_6}{\to} 1$

$\{V_{1/2}(L_1)\}_O + \{V_{2/4}(L_2)\}_O - \{V_{1/4}(L_6)\}_O = 0$

$$\left\{ \begin{matrix} 0 & | & -b\gamma_1 \\ 0 & | & -a\gamma_1 \\ \gamma_1 & | & 0 \end{matrix} \right\}_O + \left\{ \begin{matrix} \alpha_2 & | & 0 \\ 0 & | & v_2 - a\gamma_2 \\ \gamma_2 & | & w_2 \end{matrix} \right\}_O - \left\{ \begin{matrix} \alpha_6 & | & u_6 \\ 0 & | & 0 \\ 0 & | & -b\alpha_6 \end{matrix} \right\}_O = 0$$

**Cycle II:** $\quad 1 \overset{L_3}{\to} 3 \overset{L_4}{\to} 4 \overset{L_5}{\to} 1$

$\{V_{1/3}(L_3)\}_O + \{V_{3/4}(L_4)\}_O - \{V_{1/4}(L_5)\}_O = 0$

$$\left\{\begin{matrix} 0 \\ 0 \\ \gamma_3 \end{matrix} \middle| \begin{matrix} -b\gamma_3 \\ a\gamma_3 \\ 0 \end{matrix}\right\}_O + \left\{\begin{matrix} \alpha_4 \\ 0 \\ \gamma_4 \end{matrix} \middle| \begin{matrix} 0 \\ v_4 + a\gamma_4 \\ w_4 \end{matrix}\right\}_O - \left\{\begin{matrix} \alpha_5 \\ 0 \\ 0 \end{matrix} \middle| \begin{matrix} u_5 \\ 0 \\ -b\alpha_5 \end{matrix}\right\}_O = 0$$

**Cycle III:** $1 \overset{L_5}{\to} 4 \overset{L_6}{\to} 1$

$$\left\{V_{1/4}(L_5)\right\}_O - \left\{V_{1/4}(L_6)\right\}_O = 0$$

$$\left\{\begin{matrix} \alpha_5 \\ 0 \\ 0 \end{matrix} \middle| \begin{matrix} u_5 \\ 0 \\ -b\alpha_5 \end{matrix}\right\}_O - \left\{\begin{matrix} \alpha_6 \\ 0 \\ 0 \end{matrix} \middle| \begin{matrix} u_6 \\ 0 \\ -b\alpha_6 \end{matrix}\right\}_O = 0$$

## Système d'équations scalaires cinématiques

**Cycle I:** $1 \overset{L_1}{\to} 2 \overset{L_2}{\to} 4 \overset{L_6}{\to} 1$
$$\begin{cases} 0 + \alpha_2 - \alpha_6 = 0 & (1) \\ 0 + 0 - 0 = 0 & (2) \\ \gamma_1 + \gamma_2 - 0 = 0 & (3) \\ -b\gamma_1 + 0 - u_6 = 0 & (4) \\ -a\gamma_1 + v_2 - a\gamma_2 - 0 = 0 & (5) \\ 0 + w_2 + b\alpha_6 = 0 & (6) \end{cases}$$

**Cycle II:** $1 \overset{L_3}{\to} 3 \overset{L_4}{\to} 4 \overset{L_5}{\to} 1$
$$\begin{cases} 0 + \alpha_4 - \alpha_5 = 0 & (7) \\ 0 + 0 - 0 = 0 & (8) \\ \gamma_3 + \gamma_4 - 0 = 0 & (9) \\ -b\gamma_3 + 0 - u_5 = 0 & (10) \\ a\gamma_3 + v_4 + a\gamma_4 - 0 = 0 & (11) \\ 0 + w_4 + b\alpha_5 = 0 & (12) \end{cases}$$

**Cycle III:** $1 \overset{L_5}{\to} 4 \overset{L_6}{\to} 1$
$$\begin{cases} \alpha_5 - \alpha_6 = 0 & (13) \\ 0 - 0 = 0 & (14) \\ 0 - 0 = 0 & (15) \\ u_5 - u_6 = 0 & (16) \\ 0 + 0 = 0 & (17) \\ -b\alpha_5 + b\alpha_6 = 0 & (18) \end{cases}$$

**Groupe d'inconnues cinématiques calculables et non calculables**

Les inconnues cinématiques identifiées sont toutes nulles lors du fonctionnement du mécanisme c.-à-d. elles ne participent pas à la transmission et/ou la transformation du mouvements. Dans la présente étude il n'y a aucune inconnue calculable. On vérifie dans ce qui suit que toutes les inconnues sont non calculables par conséquent elles prennent partie dans la cinématique du mécanisme.

$$Gp_{I,\,inc,\,cin,\,noncal}{}^{(1)} = \{(\alpha_2, \alpha_6)(1); w_2(6); \alpha_4(7); \alpha_5(13); w_4(12)\}$$

$$Gp_{II,\,inc,\,cin,\,noncal}{}^{(1)} = \{(\gamma_1, \gamma_2)(3); u_6(4); v_2(5); u_5(16); \gamma_3(10); \gamma_4(9); v_4(11)\}$$

Les équations (2), (8), (14), (15), (17) et (18) sont non principales ce qui correspond au nombre de degrés d'hyperstaticité (**h = 6**). Ceci doit être vérifié dans l'étude statique.

**Loi Entrée Sortie**

D'après l'équation n°10 :
$$-b\gamma_3 + 0 - u_5 = 0$$
Comme $\gamma_3 = \gamma_1$

⇨ La loi d'entée sortie cinématique est : $\boldsymbol{u_5 = -b\gamma_1}$

### 4.2.3 Etude Statique

**Torseurs statiques**

$L_1$: Liaison pivot
$$\{T_{2\to1}(L_1)\}_O = \begin{pmatrix} a \\ -b \\ 0 \end{pmatrix} \times \begin{Bmatrix} X_1 & L_1 \\ Y_1 & M_1 \\ Z_1 & 0 \end{Bmatrix}_A = \begin{Bmatrix} X_1 & L_1 - bZ_1 \\ Y_1 & M_1 - aZ_1 \\ Z_1 & aY_1 + bX_1 \end{Bmatrix}_O$$

$L_2$: Liaison linéaire rectiligne
$$\{T_{4\to2}(L_2)\}_O = \begin{pmatrix} a \\ 0 \\ 0 \end{pmatrix} \times \begin{Bmatrix} X_2 & 0 \\ 0 & M_2 \\ 0 & 0 \end{Bmatrix}_B = \begin{Bmatrix} X_2 & 0 \\ 0 & M_2 \\ 0 & 0 \end{Bmatrix}_O$$

$L_3$: Liaison pivot
$$\{T_{3\to1}(L_3)\}_O = \begin{pmatrix} -a \\ -b \\ 0 \end{pmatrix} \times \begin{Bmatrix} X_3 & L_3 \\ Y_3 & M_3 \\ Z_3 & 0 \end{Bmatrix}_C = \begin{Bmatrix} X_3 & L_3 - bZ_3 \\ Y_3 & M_3 + aZ_3 \\ Z_3 & -aY_3 + bX_3 \end{Bmatrix}_O$$

$L_4$: Liaison linéaire rectiligne
$$\{T_{4\to3}(L_4)\}_O = \begin{pmatrix} -a \\ 0 \\ 0 \end{pmatrix} \times \begin{Bmatrix} X_4 & 0 \\ 0 & M_4 \\ 0 & 0 \end{Bmatrix}_D = \begin{Bmatrix} X_4 & 0 \\ 0 & M_4 \\ 0 & 0 \end{Bmatrix}_O$$

$L_5$: Liaison pivot glissant
$$\{T_{4\to1}(L_5)\}_O = \begin{pmatrix} -a \\ b \\ 0 \end{pmatrix} \times \begin{Bmatrix} 0 & 0 \\ Y_5 & M_5 \\ Z_5 & N_5 \end{Bmatrix}_E = \begin{Bmatrix} 0 & bZ_5 \\ Y_5 & M_5 + aZ_5 \\ Z_5 & N_5 - aY_5 \end{Bmatrix}_O$$

$L_6$: Liaison pivot glissant
$$\{T_{4\to1}(L_6)\}_O = \begin{pmatrix} a \\ b \\ 0 \end{pmatrix} \times \begin{Bmatrix} 0 & 0 \\ Y_6 & M_6 \\ Z_6 & N_6 \end{Bmatrix}_F = \begin{Bmatrix} 0 & bZ_6 \\ Y_6 & M_6 - aZ_6 \\ Z_6 & N_6 + aY_6 \end{Bmatrix}_O$$

## Système d'équations torsorielles statiques

Dans cette partie on néglige les actions extérieures. L'objectif consiste en l'identification des inconnues hyperstatiques.

**Equilibre du solide (1)**

$$\{T_{2\to1}(L_1)\}_O + \{T_{3\to1}(L_3)\}_O + \{T_{4\to1}(L_5)\}_O + \{T_{4\to1}(L_6)\}_O = 0$$

$$\begin{Bmatrix} X_1 & L_1 - bZ_1 \\ Y_1 & M_1 - aZ_1 \\ Z_1 & aY_1 + bX_1 \end{Bmatrix}_O + \begin{Bmatrix} X_3 & L_3 - bZ_3 \\ Y_3 & M_3 + aZ_3 \\ Z_3 & -aY_3 + bX_3 \end{Bmatrix}_O + \begin{Bmatrix} 0 & bZ_5 \\ Y_5 & M_5 + aZ_5 \\ Z_5 & N_5 - aY_5 \end{Bmatrix}_O + \begin{Bmatrix} 0 & bZ_6 \\ Y_6 & M_6 - aZ_6 \\ Z_6 & N_6 + aY_6 \end{Bmatrix}_O = 0$$

### Equilibre du solide (2)

$$\{T_{2\to1}(L_1)\}_O + \{T_{4\to2}(L_2)\}_O = 0$$

$$\begin{Bmatrix} X_1 & L_1 - bZ_1 \\ Y_1 & M_1 - aZ_1 \\ Z_1 & aY_1 + bX_1 \end{Bmatrix}_O - \begin{Bmatrix} X_2 & 0 \\ 0 & M_2 \\ 0 & 0 \end{Bmatrix}_O = 0$$

### Equilibre du solide (3)

$$\{T_{3\to1}(L_3)\}_O + \{T_{4\to3}(L_4)\}_O = 0$$

$$-\begin{Bmatrix} X_3 & L_3 - bZ_3 \\ Y_3 & M_3 + aZ_3 \\ Z_3 & -aY_3 + bX_3 \end{Bmatrix}_O + \begin{Bmatrix} X_4 & 0 \\ 0 & M_4 \\ 0 & 0 \end{Bmatrix}_O = 0$$

## Système d'équations scalaires statiques

### Equilibre du solide (1)

$$\{T_{2\to1}(L_1)\}_O + \{T_{3\to1}(L_3)\}_O + \{T_{4\to1}(L_5)\}_O + \{T_{4\to1}(L_6)\}_O = 0$$

$$\begin{cases} X_1 + X_3 + 0 + 0 = 0 & (1) \\ Y_1 + Y_3 + Y_5 + Y_6 = 0 & (2) \\ Z_1 + Z_3 + Z_5 + Z_6 = 0 & (3) \\ L_1 - bZ_1 + L_3 - bZ_3 + bZ_5 + bZ_6 = 0 & (4) \\ M_1 - aZ_1 + M_3 + aZ_3 + M_5 + aZ_5 + M_6 - aZ_6 = 0 & (5) \\ aY_1 + bX_1 - aY_3 + bX_3 + N_5 - aY_5 + N_6 + aY_6 = 0 & (6) \end{cases}$$

**Equilibre du solide (2)**
$$\begin{cases} X_1 - X_2 = 0 & (7) \\ Y_1 - 0 = 0 & (8) \\ Z_1 - 0 = 0 & (9) \\ L_1 - bZ_1 - 0 = 0 & (10) \\ M_1 - aZ_1 - M_2 = 0 & (11) \\ aY_1 + bX_1 - 0 = 0 & (12) \end{cases}$$

**Equilibre du solide (3)**
$$\begin{cases} -X_3 + X_4 = 0 & (13) \\ -Y_3 + 0 = 0 & (14) \\ -Z_3 + 0 = 0 & (15) \\ -L_3 + bZ_3 + 0 = 0 & (16) \\ -M_3 - aZ_3 + M_4 = 0 & (17) \\ +aY_3 - bX_3 + 0 = 0 & (18) \end{cases}$$

## Groupe d'inconnues statiques calculables

$$\text{Gp}_{I}, \text{inc}, \text{stat}, \text{cal} = \left\{ \begin{array}{l} Y_1(8); Z_1(9); L_1(10); \\ X_1(12); Y_3(14); Z_3(15); \\ L_3(16); X_3(18); X_4(13); \\ X_2(7); \end{array} \right\}$$

## Groupes d'inconnues hyperstatiques

$\text{Gp}_{I}, \text{inc}, \text{cin}, \text{noncal}^{(1)} = \{(Y_5, Y_6)(2)\}$

$\text{Gp}_{II}, \text{inc}, \text{cin}, \text{noncal}^{(1)} = \{(Z_5, Z_6)(3)\}$

$\text{Gp}_{III}, \text{inc}, \text{cin}, \text{noncal}^{(1)} = \{(M_1, M_2)(11)\}$

$\text{Gp}_{VI}, \text{inc}, \text{cin}, \text{noncal}^{(1)} = \{(M_3, M_4)(17)\}$

$\text{Gp}_{V}, \text{inc}, \text{cin}, \text{noncal}^{(1)} = \{(M_5, M_6)(5)\}$

$\text{Gp}_{VI}, \text{inc}, \text{cin}, \text{noncal}^{(1)} = \{(N_5, N_6)(6)\}$

## 4.3  Conclusion

Dans ce chapitre nous avons appliqué les notions de l'approche de modélisation des mécanismes sur la machine d'insertion. Les équations obtenues par cette étude présentent les relations cinématiques entre les différents organes mobiles de cette machine.

# CHAPITRE 5

# SOLUTIONS TECHNOLOGIQUES
# ET
# CALCUL RDM

## 5.1 Introduction

Dans ce chapitre l'étude sera consacrée à l'analyse des différentes solutions technologiques dans le but de déterminer les principaux éléments et composantes garantissant le bon fonctionnement du système. C'est pour cela qu'on essayera de dégager pour chaque liaison de système quelques solutions parmi lesquelles sera retenue celle qui satisfait au mieux les critères de choix.

## 5.2 Choix des solutions technologiques

### 5.2.1 Bâti :

Le bâti du dispositif d'insertion est constitué d'une table, un support et une pièce en forme L dite entaille comportant deux pièces pour le guidage en translation de la tige d'insertion. Ces trois composants sont encastrés entre eux.

### 5.2.2 Tige d'insertion :

Elle est en liaison pivot glissant avec le bâti.

#### 5.2.2.1 Solutions technologiques proposées

Tableau 8 : Solutions technologiques pour la liaison tige-bâti

| solutions | Description |
|-----------|-------------|
| **Solution 1** | Guidage avec des bagues de frottement |
| **Solution 2** | Guidage avec des douilles à billes |

Tableau 9 : comparaison des solutions pour liaison tige-bâti

| solutions | Avantages | Inconvénients |
|-----------|-----------|---------------|
| **Solution 1** | Simple de mettre en œuvre | Nécessite de lubrification |
| **Solution 2** | Plus précise | Coût élevé |

#### 5.2.2.2 Choix de solution

On choisit la première solution car elle est moins coûteuse et simple.

### 5.2.3 Cylindre revolver :

Le cylindre est en liaison pivot avec le bâti.

#### 5.2.3.1 Solutions technologiques proposées

Tableau 10 : solutions technologiques pour la liaison cylindre-bâti

| solutions | Description |
|-----------|-------------|
| **Solution 1** | Utilisation des roulements à une rangée de billes à contact radial. |
| **Solution 2** | Utilisation des bagues de frottement (coussinets). |

Tableau 11 : comparaison des solutions pour la liaison cylindre-bâti

| Solutions | Avantages | Inconvénients |
|---|---|---|
| **Solution 1** | Très économique. Existe en plusieurs variantes | n'accepte que des charges unidirectionnelles. |
| **Solution 2** | Ne pas affaiblir l'arbre<br>Coût faible | Echauffement peu précis<br>Efforts faibles<br>Vitesses faibles |

#### 5.2.3.2   Choix de la solution

On choisit la deuxième solution  grâce à  sa simplicité et que notre système fonctionne à des vitesses importantes.

### 5.2.4   Liaison encastrement entre le cylindre revolver et l'arbre du moteur

#### 5.2.4.1   Solutions technologiques proposées

Tableau 12 : solutions technologiques pour la liaison cylindre-arbre moteur

| Solutions | Description |
|---|---|
| **Solution 1** | Manchon trantorque |
| **Solution 2** | Arrêt en rotation avec clavette et en translation avec une vis d'arrêt |

Tableau 13 : comparaison des  solutions pour la liaison cylindre-bâti

| Solutions | Avantages | Inconvénients |
|---|---|---|
| **Solution 1** | Ne pas affaiblir l'arbre | coûteuse |
| **Solution 2** | Simple de mettre en œuvre | Ne convient pas pour des assemblages précis soumis à des mouvements alternatifs |

#### 5.2.4.2   Choix de la solution :

On choisit la deuxième solution  grâce à  sa simplicité et que notre système n'est pas soumis a des mouvements alternatifs

### 5.2.5   Solution pour le mouvement de la tige d'insertion

#### 5.2.5.1 Solutions technologiques proposées

Tableau 14 : solutions technologiques pour l'entrainement de la tige d'insertion

| Solutions | Description |
|---|---|
| **Solution 1** | Entrainement par poulie-courroie |
| **Solution 2** | Entrainement par cylindre pneumatique |

**Tableau 15 : comparaison des solutions pour l'entrainement de la tige d'insertion**

| Solutions | Avantages | Inconvénients |
|---|---|---|
| **Solution 1** | Simple de mettre en œuvre<br>Coût pas cher | Sensible aux défauts d'alignement<br>Encombrement en longueur |
| **Solution 2** | Plus précise | Coût élevé<br>Usure et frottement |

#### 5.2.5.2 Choix de la solution :

On choisit la première solution car elle est moins coûteuse et simple

## 5.3 Dimensionnements et calcul RDM

### 5.3.1 Vérification de la clavette au cisaillement et matage :

#### 5.3.1.1 Vérification de clavette au cisaillement :

Pour un diamètre de 55 mm les dimensions de la clavette sont données par la figure ci dessous

| d | a | b | s | j | k |
|---|---|---|---|---|---|
| 30 à 38 | 10 | 8 | 0,4 | d – 5 | d + 3,3 |

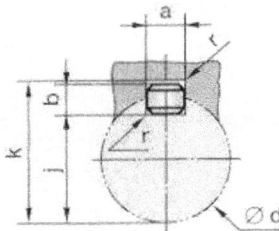

**Figure 12 : dimensions de la clavette**

Pour qu'une clavette résiste en cisaillement, il faut que : $\quad T \leq R_{pg} = 0,7 \times ( R_e /4)$

T: Contrainte de cisaillement.

$R_{pg}$ : Résistance pratique au cisaillement

$S_c = a \times l = 30 \times 10 = 300 \ mm^2$

$S_c$ : Surface cisaillée ;  a : largeur clavette ; l : longueur clavette

$F = 2 \times C /D = (2 \times 204) / (30 \times 10^{-3}) = 13.6 \ KN$

C: Couple dans l'arbre en (N mm). C=204 Nm

D: Diamètre de l'arbre en mm : 30mm

$T = F/ S_c$ MPa $\leq R_{pg}$

 T= 45.33 MPa.

$R_{pg} = 0,7 \times R_e /4$   comme $R_e$= 621 MPa ; (le matériau utilisé est C45).

$R_{pg}$ = 108.68 MPa

⇨ La clavette résiste au cisaillement.

### 5.3.1.2 Vérification de clavette au matage :

Pour qu'une clavette résiste au matage, il faut que la pression de matage soit inferieure ou égale à la pression admissible.

$P_m \leq p_{adm}$

$S_m = (b \times l)/2 = (8 \times 30)/2 = 120$ mm$^2$

$S_m$: Surface matée ;

b: hauteur de clavette ;

l: longueur de clavette.

F = 2C /D = (204 × 2)/0.03 = 13.6 KN

$P_m = (F/S_m)$

⇨ $P_m$ = 113.33 MPa

Tableau 16: Les pressions admissibles sur les flancs des clavettes

| Pressions admissibles sur les flancs des clavettes et cannelures (en MPa)* | | | |
|---|---|---|---|
| Type de montage | Conditions de fonctionnement | | |
| | Mauvaises | Moyennes | Excellentes |
| Glissant sous charge | 3 à 10 | 5 à 15 | 10 à 20 |
| Glissant sans charge | 15 à 30 | 20 à 40 | 30 à 50 |
| Fixe | 40 à 70 | 60 à 100 | 80 à 150 |

D'après le tableau précédent, pour une clavette montée fixe en des conditions de fonctionnement excellentes.

$P_{adm}$ = 150 Mpa.

⇨ La clavette résiste au matage.

## 5.4 Conclusion

Dans ce chapitre, on a déterminé les solutions technologiques de différents mécanismes à travers des critères issues du cahier de charge et la gamme de fabrication des pièces comportant les détails précis.

# CHAPITRE 6

# CONCEPTION
# ET
# SIMULATION SUR CATIA

## 6.1   Introduction

Etant un logiciel de conception et de simulation très puissant, CATIA est utilisé pour concevoir les pièces du mécanisme d'insertion ainsi que la simulation.

## 6.2   Création d'un sous assemblage «support»:

Création d'un nouveau produit

Renommer le nouveau produit (support).

Charger la pièce «plateau».

Charger la pièce «hybride 1» quatre fois.

Positionner chacune des hybrides sous les trous oblongs réalisés sur le plateau. Assembler les deux pièces.

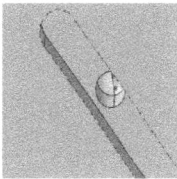

Contrainte de contact entre les deux surfaces.

Pour cela, cliquez sur [icône] ensuite la surface du plateau et la surface de l'hybride.

A partir du catalogue des pièces standards, charger 4 vis à tête hexagonale M8 x 15 et 4 rondelles plates type S – 20.

Visser chaque hybride par une vis.

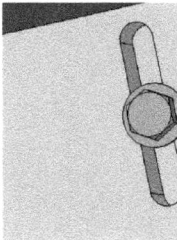

Contrainte de contact entre la rondelle et le plateau.

Pour cela, cliquez sur [icône] ensuite la surface du plateau et la surface de la rondelle.

Contrainte de coïncidence entre la rondelle et le trou de l'hybride1

Contrainte de coïncidence entre la vis et la rondelle.

Charger la pièce «axe» deux fois

Positionner chacun des deux axes avec deux hybrides

Pour cela, cliquez sur [icône] ensuite la surface cylindrique de l'axe et la surface de l'hybride 1

Charger la pièce «hybride 2» quatre fois
Positionner chacune des hybrides avec les deux axes.

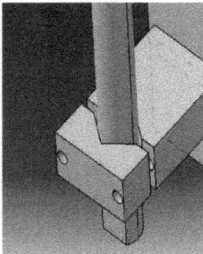

Pour cela, cliquez sur ⬡ ensuite l'axe du trou de l'hybride 1 et celui du trou de l'hybride 2
Appliquez la même contrainte avec les deux autres trous.

Cliquez sur ⬡ ensuite la surface cylindrique de l'axe et la surface de l'hybride 2

A partir du catalogue des pièces standards, charger 8 vis à tête hexagonale M8 x 45
Visser chaque couple des hybrides par deux vis.

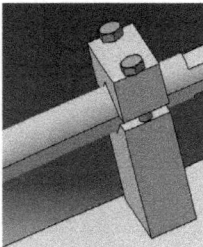

Pour cela, cliquez sur ⬡ ensuite l'axe de la vis et celui du trou de l'hybride 2.

Cliquez sur ⬡ ensuite la surface de dessous de la tête de la vis et la surface de l'hybride 2.

Charger la pièce «entaille»
Positionner cette pièce sur le plateau

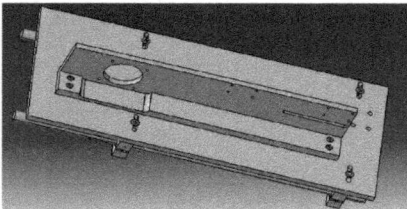

Pour cela, cliquez sur ⬡ ensuite sur les axes des lamages et ceux des trous situés sur le plateau.

Cliquez sur ⬡ ensuite sur la surface de dessous de l'entaille et la surface du plateau.

Visser les deux pièces (entaille et plateau) par quatre boulons (quatre vis à tête hexagonales M8 x 15.et quatre écrous hexagonales M8)

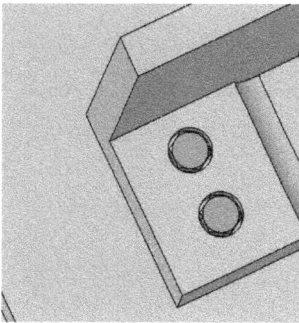

Pour cela, cliquez sur [icon] ensuite sur les axes des lamages et ceux des vis.

Cliquez sur [icon] ensuite sur la surface de dessous de la vis et la surface du lamage.

Pour cela, cliquez sur [icon] ensuite sur les axes des écrous et ceux des vis.

Cliquez sur [icon] ensuite sur la surface de dessous du plateau et la surface de l'écrou.

Charger la pièce «guide» deux fois.
Positionner cette pièce sur l'entaille

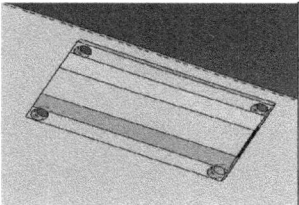

Pour cela, cliquez sur [icon] ensuite sur les axes des trous du guide et ceux des trous situés sur l'entaille.

Cliquez sur [icon] ensuite sur les surfaces en contact (celles de l'entaille et du plateau).

Visser les deux pièces (entaille et guide) par quatre vis à tête hexagonale M5 x 36
A partir du catalogue des pièces standards, charger huit vis à tête hexagonale M5 x 36

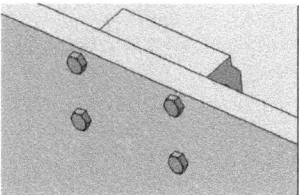

Pour cela, cliquez sur [icon] ensuite sur les axes des trous du guide et ceux des vis.

Cliquez sur [icon] ensuite sur les surfaces de dessous des têtes des vis et la surface de l'entaille.

Le même travail doit être réalisé pour le deuxième guide de la tige d'insertion.
Charger la pièce «servomoteur».
Positionner le moteur

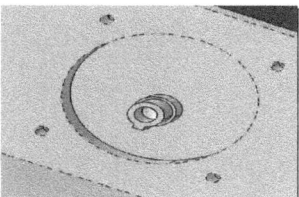

Pour cela, cliquez sur [icon] ensuite sur les axes des trous du moteur et ceux situés sur l'entaille.

Cliquez sur [icon] ensuite sur la surface de la plaque du moteur et la surface de l'entaille.

Visser les deux pièces (entaille et servomoteur)  par quatre vis à tête hexagonale M5 x 36
A partir du catalogue des pièces standards, charger quatre vis à tête hexagonale M5 x 36

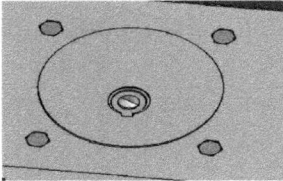

Pour cela, cliquez sur 🖉 ensuite sur les axes des vis et ceux des trous situés sur l'entaille.

Cliquez sur 🔲 ensuite sur la surface au dessous des têtes des vis et la surface de l'entaille.

Charger la pièce «obstacle».
Positionner la pièce sur le plateau.

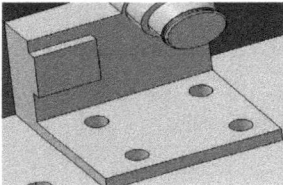

Pour cela, cliquez sur 🖉 ensuite sur les axes des trous de l'obstacle et ceux des trous situés sur le plateau.

Cliquez sur 🔲 ensuite sur la surface au dessous de l'obstacle et la surface du plateau.

Visser les deux pièces
A partir du catalogue des pièces standards, charger quatre Vis à tête hexagonale M10 x 25

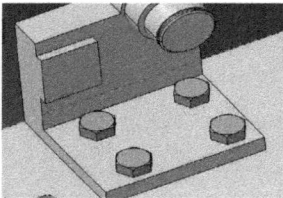

Pour cela, cliquez sur 🖉 ensuite sur les axes des vis et ceux des trous situés sur l'obstacle.

Cliquez sur 🔲 ensuite sur la surface au dessous des têtes des vis et la surface de l'obstacle.

Charger le roulement à une rangée de billes  (30 BC 02 E)
Positionner ce roulement sur l'arbre de l'obstacle.

Pour cela, cliquez sur 🖉 ensuite sur l'axe du roulement et celui de l'arbre de l'obstacle.

Cliquez sur 🔲 ensuite sur la surface roulement et la surface de l'épaulement (sur l'arbre de l'obstacle)

A partir du catalogue des pièces standards, charger un anneau élastique pour arbre 30x1.5
Positionner cette pièce

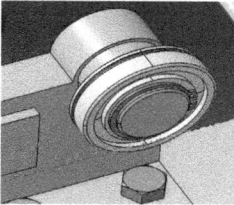

Pour cela, cliquez sur ⌾ ensuite sur l'axe de l'anneau et celui de l'arbre de l'obstacle.

Cliquez sur ⬚ ensuite sur la surface de l'anneau et la surface de la gorge (sur l'arbre de l'obstacle)

Charger la pièce «bague de frottement» quatre fois.
Positionner chacune par rapport au guide.

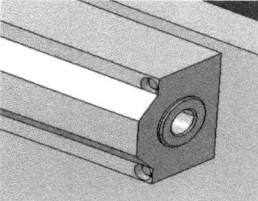

Pour cela, cliquez sur ⌾ ensuite sur l'axe de la bague et celui du guide.

Cliquez sur ⬚ ensuite sur la surface de la collerette de la bague et la surface du guide.

Charger la pièce « axe poulie ».
Positionner l'axe par rapport à l'entaille.

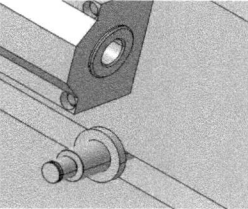

Pour cela, cliquez sur ⬚ ensuite positionnez l'axe au milieu du trou oblong.

Cliquez sur ⬚ ensuite sur la surface de l'épaulement de l'axe et celle de l'entaille.

A partir du catalogue des pièces standards, charger un écrou hexagonal M8-08
Positionner l'écrou par rapport à l'axe de la poulie.

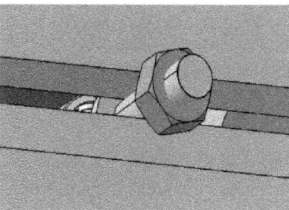

Pour cela, cliquez sur ⌾ ensuite sur l'axes de l'écrou et celui de l'axe de la poulie.

Cliquez sur ⬚ ensuite sur la surface de l'entaille et la surface de l'écrou.

Charger le roulement à une rangée de billes  (06 BC 02 E)
Positionner ce roulement sur l'axe de la poulie.

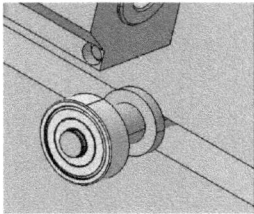

Pour cela, cliquez sur [icône] ensuite sur l'axe du roulement et celui de l »axe de la poulie.

Cliquez sur [icône] ensuite sur la surface du roulement et la surface de l'épaulement (sur l'axe de la poulie)

A partir du catalogue des pièces standards, charger un anneau élastique pour arbre 6x0.7
Positionner cette pièce

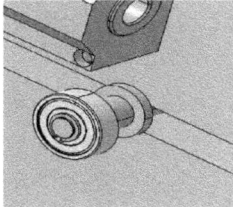

Pour cela, cliquez sur [icône] ensuite sur l'axe de l'anneau et celui de l'axe de la poulie.

Cliquez sur [icône] ensuite sur la surface de l'anneau et la surface de la gorge (sur l'axe de la poulie)

## 6.3   Création d'un sous assemblage « partie mobile »:

Création d'un nouveau produit
Renommer le nouveau produit (p. mobile)
Charger la pièce « tige d'insertion »
Charger la pièce « serre courroie 1 »
Positionner la pièce par rapport au tige d'insertion

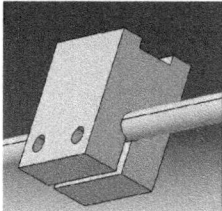

Pour cela, cliquez sur [icône] ensuite sur l'axe de la tige d'insertion et celui de l'alésage de la serre courroie.

Cliquez sur [icône] ensuite sur la surface cylindrique de la tige et la surface de l'alésage.

A partir du catalogue des pièces standards, charger deux vis à tête hexagonale M5 x 36
Positionner les vis

Pour cela, cliquez sur [icône] ensuite sur les axes des vis et ceux des lamages  du serre courroie.

Cliquez sur [icône] ensuite sur les surfaces de dessous des têtes des vis et celles des lamages.

Charger la pièce « serre courroie 2 ».
Positionner la pièce.

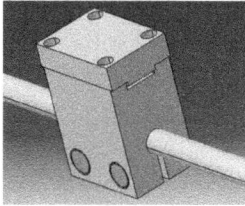

Pour cela, cliquez sur ⌖ ensuite sur les axes des trous du serre-courroie 1 et ceux du serre-courroie 2.

Cliquez sur ⌖ ensuite sur la surface de serre-courroie 1 et celle de serre-courroie 2

Visser les deux pièces.
A partir du catalogue des pièces standards, charger deux vis à tête hexagonale M5 x 36
Positionner les vis.

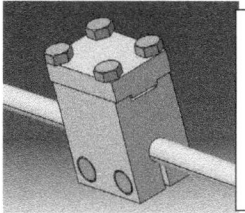

Pour cela, cliquez sur ⌖ ensuite sur les axes des vis et ceux des trous du serre courroie.

Cliquez sur ⌖ ensuite sur les surfaces de dessous des têtes des vis et la surface du serre-courroie 2.

## 6.4   Création d'un sous assemblage « partie revolver »:

Création d'un nouveau produit
Renommer le nouveau produit (p. revolver)
Charger la pièce « revolver 2 ».
A partir du catalogue des pièces standards, charger un anneau élastique pour alésage 55x2
Positionner cette pièce

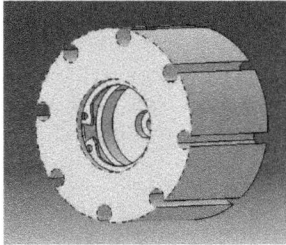

Pour cela, cliquez sur ⌖ ensuite sur l'axe de l'anneau et celui de l'axe du revolver.

Cliquez sur ⌖ ensuite sur la surface de l'anneau et la surface de la gorge (sur l'alésage du revolver).

## 6.5   Création d'un sous assemblage « poulie R16 »:

Création d'un nouveau produit
Renommer le nouveau produit (poulie R16)
Charger la pièce « poulie 1 »
A partir du catalogue des pièces standards, charger un anneau élastique pour alésage 19x1
Définir la liaison entre les pièces.

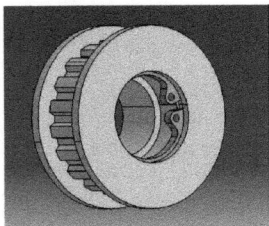

Pour cela, cliquez sur ⊘ ensuite sur l'axe de l'anneau et celui de l'axe de la poulie 1.

Cliquez sur ⊞ ensuite sur la surface de l'anneau et la surface de la gorge (sur l'alésage de la poulie).

## 6.6  Création d'un sous assemblage « poulie R27 »:

Création d'un nouveau produit
Renommer le nouveau produit (poulie R27)
Charger la pièce « poulie 2 »
A partir du catalogue des pièces standards, charger une vis à tête hexagonale M10 x 16 et une rondelle plate type S – 20.
Positionner la rondelle et la vis sur la poulie.

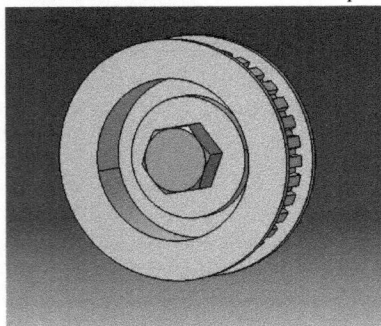

Pour cela, cliquez sur ⊘ ensuite sur l'axe de la rondelle et l'axe de la poulie.

Cliquez sur ⊞ ensuite sur la surface de la rondelle et la surface de la poulie

Cliquez sur ⊘ ensuite sur l'axe de la vis et celui de la poulie

Cliquez sur ⊞ ensuite sur la surface au dessous de la tête de la vis et celle de la rondelle.

## 6.7  Création de l'assemblage «machine»:

Création d'un nouveau produit
Renommer le nouveau produit (machine)
Charger la partie fixe.
Charger la partie mobile.
Définir la liaison entre les deux sous-assemblages.

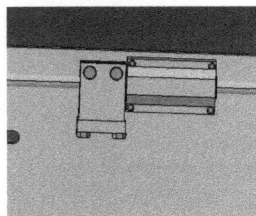

Pour cela, cliquez sur ⊘ ensuite sur l'axe de la tige d'insertion et celui de l'alésage du guide.

Cliquez sur ⊞ ensuite positionner le serre-courroie entre les deux guides.

Charger la partie (p. revolver)

Définir la liaison entre les deux sous-assemblages.

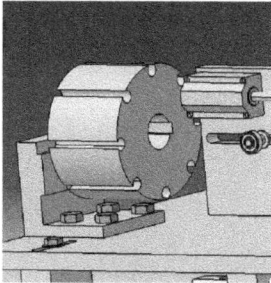

Pour cela, cliquez sur    ensuite sur l'axe de l'obstacle et celui de l'alésage du cylindre revolver.

Pour cela, cliquez sur    ensuite sur l'axe d'un trou parmi les trous de revolver et celui de la tige d'insertion.

Cliquez sur    ensuite sur la surface de l'anneau et la surface du roulement (sur l'axe de l'obstacle).

Supprimer les deux contraintes :

Celle entre la tige d'insertion et le cylindre revolver (contrainte de coïncidence) ainsi que la contrainte de contact entre l'anneau élastique et le roulement 30 BC 02 E.

Charger la partie «poulie R16»

Définir la liaison entre les deux sous-ensembles (partie fixe et poulie R16)

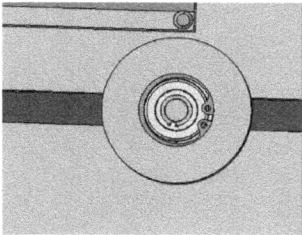

Pour cela, cliquez sur    ensuite sur l'axe de l'axe de la poulie et celui de la poulie.

Cliquez sur    ensuite sur la surface de l'anneau et la surface du roulement (sur l'axe de l'obstacle).

Supprimer la contrainte de contact entre l'anneau et le roulement.

Charger la partie «poulie R27»

Positionner la poulie par rapport à l'arbre du moteur.

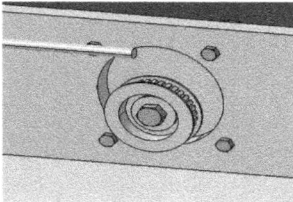

Pour cela, cliquez sur    ensuite sur l'axe de la poulie et l'arbre moteur.

Cliquez sur    ensuite sur la surface avant de l'arbre moteur et la surface de la rondelle.

Supprimer la contrainte de distance entre l'arbre moteur et la rondelle.

Charger la pièce « courroie ».

Positionner la courroie par rapport aux deux poulies.

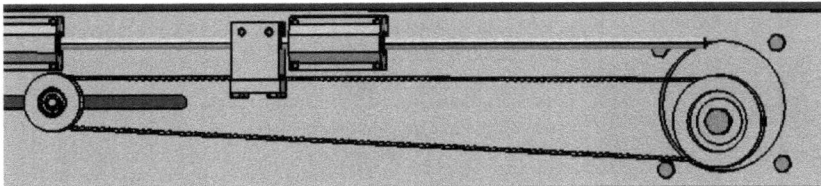

Pour cela, cliquez sur  ensuite sur l'axe de la poulie1 et celui de la courroie.

Cliquez sur  ensuite sur l'axe de la poulie 2 et celui de la courroie.

Cliquez sur  ensuite positionnez la courroie par rapport aux gorges des deux poulies.

## 6.8  Réalisation  d'une simulation cinématique :

Cliquer dans le menu Démarrer/Maquette Numérique/ DMU Kinematics.
Faire une mise à jour pour remettre les pièces à leur place.
Créer un nouveau mécanisme ; cliquer dans le menu sur : Insertion/Nouveau mécanisme.
Renommer le mécanisme (Mécanisme.1 →Meca-insert)
Cliquer sur le bouton Conversion de contraintes d'assemblage. Ensuite, dans la fenêtre
Conversion de contraintes d'assemblage, cliquer sur Création automatiques et  valider par
OK.

Créer une pièce fixe : Cliquer sur , ensuite cliquer sur la partie fixe.

Dans l'arbre double cliquer sur :
La liaison cylindrique entre le support et la p. mobile:
Cocher les deux cases de commande.
Modifier la valeur de la première limite 100 → 0.
Modifier la valeur de la deuxième limite -360° →0°.
Valider par OK.

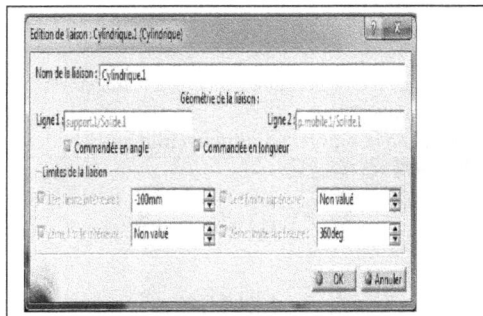

La liaison cylindrique entre la partie revolver et la partie support.
Cocher les deux cases de commande.
Modifier la valeur de la première limite -100 → 0.
Modifier la valeur de la

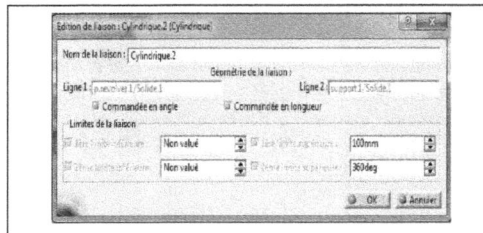

deuxième limite -360° →0°.
Valider par OK.

La liaison cylindrique entre
la partie poulie R16 et la
partie support.
Cocher les deux cases de
commande.
Modifier la valeur de la
première limite -100 → 0.
Modifier la valeur de la
deuxième limite -360° →0°.
Valider par OK.

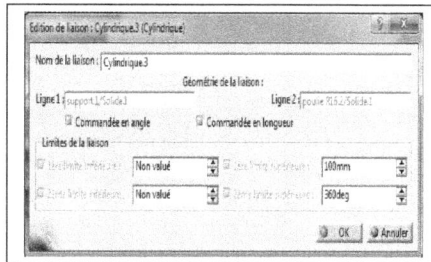

La liaison cylindrique entre
la partie poulie R27 et la
partie support.
Cocher les deux cases de
commande.
Modifier la valeur de la
première limite -100 → 0.
Modifier la valeur de la
deuxième limite -360°→0°.
Valider par OK.

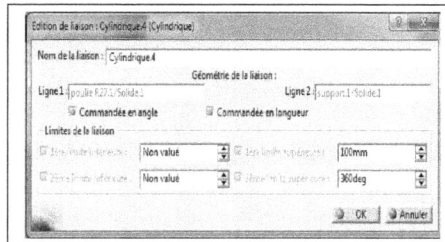

Le mécanisme peut être
maintenant simulé.

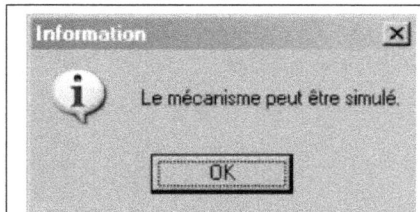

Cliquer sur [icône].
Une fenêtre s'ouvre.
Sélectionner Meca-insert
Valider par OK.

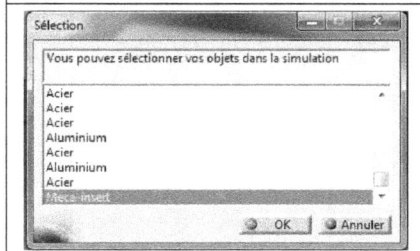

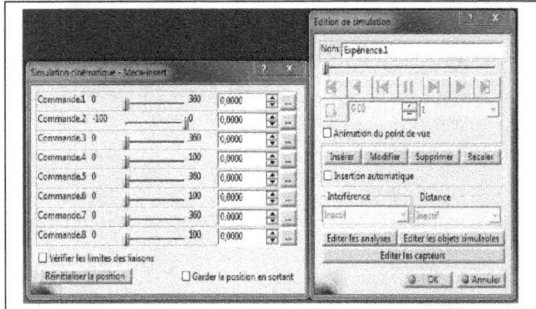

Deux fenêtres s'ouvrent :
Toutes les commandes
peuvent être modifiées.
Le cycle du mécanisme est :
Avancement de la tige
Rotation de la poulie R27 de
θ= 212.2 °
Rotation de la poulie R16 de
θ= 358 °
Cliquer sur insérer
Recule de la tige
Retour à la position de report pour la poulie R27 (θ= 0 °).
Retour à la position de report pour la poulie R16 (θ= 0 °).
Rotation de la poulie R16 de θ = 45°
Ce cycle doit être refait jusqu'à ce que le cylindre fasse un tour complet.
Avant de lancer la simulation, changer le mode de bouclage et choisir le pas d'interpolation égal à 0.2
Lancer la simulation.

## 6.9 Conception de la pièce obstacle

Ouvrir un fichier PART.
Nommer le fichier par obstacle

| | |
|---|---|
| Sélectionnez le plan XY (à partir de l'arbre ou du repère) et cliquez sur ⬜. Un grille apparaît.<br>- Dessinez l'esquisse suivante | |
| Sélectionnez le profil, cliquez sur l'icône d'extrusion ⬚ et remplir le tableau qui s'affiche comme suit | |

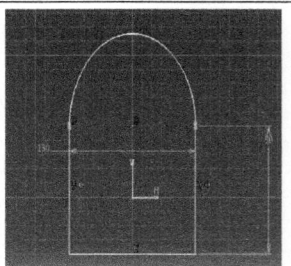

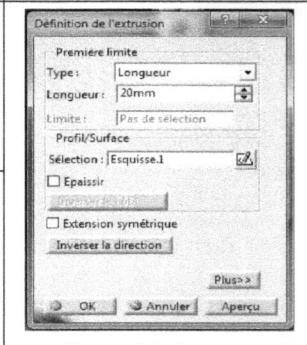

| | |
|---|---|
| Sélectionnez le plan XY (à partir de l'arbre ou du repère) et cliquez sur [icône]. Un grille apparaît.<br>- Dessinez l'esquisse suivante | 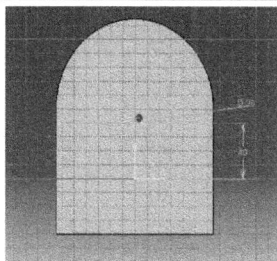 |
| Sélectionnez le profil, cliquez sur l'icône d'extrusion [icône], et remplir le tableau qui s'affiche comme suit |  |
| Sélectionnez le plan XY (à partir de l'arbre ou du repère) et cliquez sur [icône]. Un grille apparaît.<br>- Dessinez l'esquisse suivante | 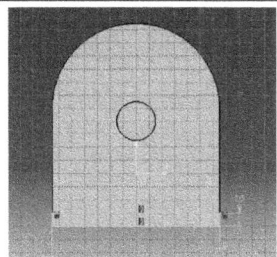 |
| Sélectionnez le profil, cliquez sur l'icône d'extrusion [icône], et remplir le tableau qui s'affiche comme suit |  |

| | |
|---|---|
| Cliquez sur l'icône trou [icône] L'esquisse du trou est : Remplir le tableau qui s'affiche comme suit | |
| Sélectionnez le plan XY (à partir de l'arbre ou du repère) et cliquez sur [icône]. Un grille apparaît. - Dessinez l'esquisse suivante | |
| Cliquez sur l'icône poche [icône] et remplir le tableau qui s'affiche comme suit | |
| Sélectionnez le plan XY (à partir de l'arbre ou du repère) et cliquez sur [icône]. Un grille apparaît. - Dessinez l'esquisse suivante | |

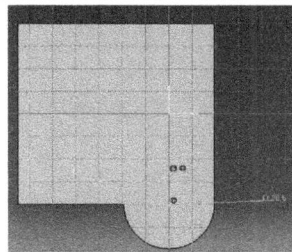

| | |
|---|---|
| Sélectionnez le profil, cliquez sur l'icône d'extrusion ⬚ et remplir le tableau qui<br><br>s'affiche comme suit | **Définition de l'extrusion**<br>Première limite<br>Type : Longueur<br>Longueur : 4,8mm<br>Limite : Pas de sélection<br>Profil/Surface<br>Sélection : Esquisse.7<br>☐ Epaissir<br>☐ Extension symétrique<br>Inverser la direction<br>Plus>><br>OK  Annuler  Aperçu |
| Cliquez sur l'icône ⬚ et remplir le<br><br>tableau qui s'affiche comme suit | **Définition du plan**<br>Type de plan : Décalé<br>Référence : Extrusion.4\Face.1<br>Décalage : 2,1mm<br>Inverser la Direction<br>☐ Répéter l'objet après OK<br>OK  Annuler  Aperçu |
| Sélectionnez le plan XY (à partir de l'arbre ou du repère) et cliquez sur ⬚ .<br>Un grille apparaît.<br>- Dessinez l'esquisse suivante | |
| Cliquez sur l'icône poche ⬚ et remplissez le tableau qui s'affiche comme suit | **Définition de la poche**<br>Première limite<br>Type : Longueur<br>Profondeur : 1,6mm<br>Limite : Pas de sélection<br>Profil/Surface<br>Sélection : Esquisse.8<br>☐ Epaissir<br>Inverser le côté<br>☐ Extension symétrique<br>Inverser la direction<br>Plus>><br>OK  Annuler  Aperçu |

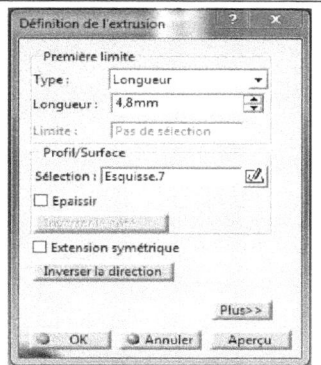

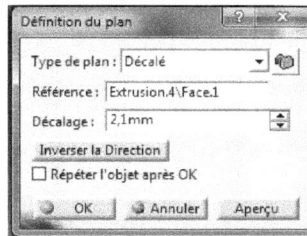

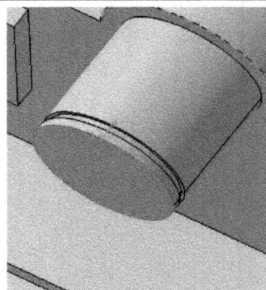

Cliquer sur l'icône ⬦ et sélectionner le bout d'arbre de l'obstacle.
Remplir le tableau qui apparait comme suit.
Valider par OK.

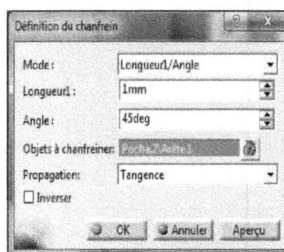

Sélectionnez le plan XY (à partir de l'arbre ou du repère) et cliquez sur 🖉 .
Un grille apparaît.
- Dessinez l'esquisse suivante

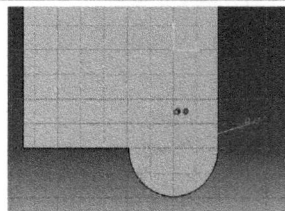

Cliquez sur l'icône poche 🔲 et remplissez le tableau qui s'affiche comme suit.
Valider par OK.

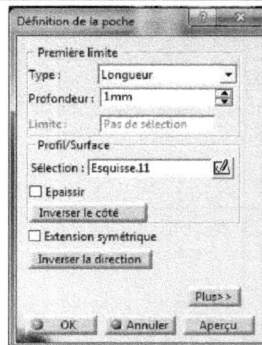

Cliquez sur l'icône [icône]. 
Sélectionner le trou déjà réalisé.
Remplir le tableau qui s'affiche comme suit.
Valider par OK.

Première direction

Deuxième direction

## 6.10 Conception de la pièce cylindre revolver

Ouvrir un fichier PART.
Nommer le fichier par revolver

Sélectionnez le plan XY (à partir de l'arbre ou du repère) et cliquez sur [icône].
Un grille apparaît.
- Dessinez l'esquisse suivante

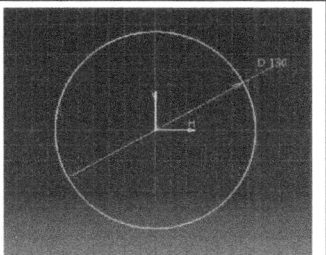

Sélectionnez le profil, cliquez sur l'icône d'extrusion [icône] et remplissez le tableau qui s'affiche comme suit

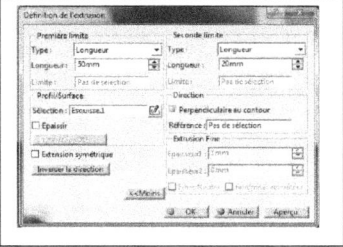

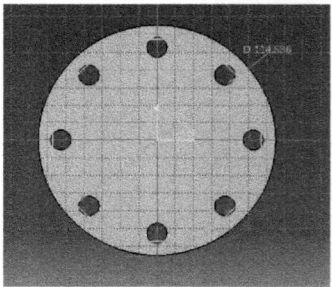

| | |
|---|---|
| Cliquez sur l'icône trou ⬛<br>L'esquisse du trou est :<br><br>Remplissez le tableau qui s'affiche comme | **Définition du trou**<br>Extension \| Type \| Définition du taraudage<br>Jusqu'au dernier<br>Diamètre : 11mm<br>Profondeur : 20mm<br>Limite : Pas de sélection  Edition de l'esquisse<br>Décalage : 0mm<br>Direction  Fond<br>Inverser  Limité<br>☑ Perpendiculaire à la surface  Angle : 120deg<br>Pas de sélection<br>OK  Annuler  Aperçu |
| Cliquez sur l'icône ⬛.<br>Sélectionnez le trou déjà réalisé.<br>Remplissez le tableau qui s'affiche comme suit.<br>Validez par OK. | **Définition de la répétition circulaire**<br>Référence axiale \| Définition d'une couronne<br>Paramètres : Instances & espacement angulaire<br>Instances : 8<br>Espacement angulaire : 45deg<br>Angle total : 315deg<br>Direction de référence<br>Elément de référence : Extrusion.1\Face.1<br>Inversion de la direction<br>Composant à copier<br>Composant : Trou.1<br>☐ Conserver les spécifications<br>Plus>><br>OK  Annuler  Aperçu |
| Sélectionnez le plan XY (à partir de l'arbre<br><br>ou du repère) et cliquez sur ⬛.<br>Un grille apparaît.<br>- Dessinez l'esquisse suivante | |
| Cliquez sur l'icône poche ⬛ et<br><br>remplissez le tableau qui s'affiche comme suit | **Définition de la poche**<br>Première limite<br>Type : Jusqu'au dernier<br>Limite : Pas de sélection<br>Décalage : 0mm<br>Profil/Surface<br>Sélection : Esquisse.8<br>☐ Epaissir<br>Inverser le côté<br>☐ Extension symétrique<br>Inverser la direction<br>Plus>><br>OK  Annuler  Aperçu |

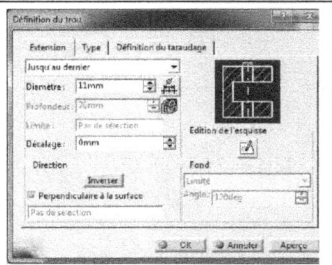

| | |
|---|---|
| Cliquez sur l'icône trou au centre <br><br> Remplissez le tableau qui s'affiche comme suit | 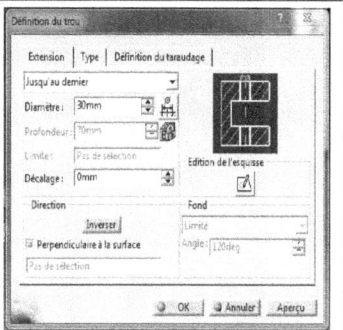 |
| Sélectionnez le plan XY (à partir de l'arbre <br><br> ou du repère) et cliquez sur [icône]. <br> Un grille apparaît. <br> - Dessinez l'esquisse suivante | 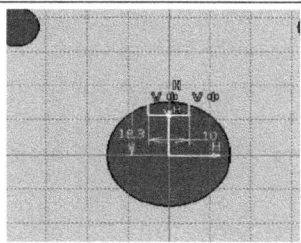 |
| Cliquez sur l'icône poche [icône] et remplissez le tableau qui s'affiche comme suit |  |
| Sélectionnez le plan XY (à partir de l'arbre <br><br> ou du repère) et cliquez sur [icône]. <br> Un grille apparaît. <br> - Dessinez l'esquisse suivante | 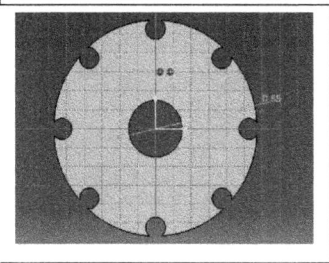 |

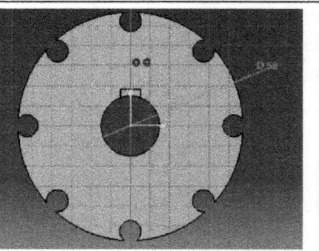

| | |
|---|---|
| Cliquez sur l'icône poche ⬚ et remplissez le tableau qui s'affiche comme suit | **Définition de la poche**<br>**Première limite**<br>Type : Longueur<br>Profondeur : 19,65mm<br>Limite : Pas de sélection<br>**Profil/Surface**<br>Sélection : Esquisse.12<br>☐ Epaissir<br>Inverser le côté<br>☐ Extension symétrique<br>Inverser la direction<br>Plus>><br>OK Annuler Aperçu |
| Cliquez sur l'icône ▱ et remplissez le tableau qui s'affiche comme suit | **Définition du plan**<br>Type de plan : Décalé<br>Référence : Poche.3\Face.1<br>Décalage : 4,5mm<br>Inverser la Direction<br>☐ Répéter l'objet après OK<br>OK Annuler Aperçu |
| Sélectionnez le plan XY (à partir de l'arbre ou du repère) et cliquez sur ▱.<br>Un grille apparaît.<br>- Dessinez l'esquisse suivante | |
| Cliquez sur l'icône poche ⬚ et remplissez le tableau qui s'affiche comme suit | **Définition de la poche**<br>**Première limite**<br>Type : Longueur<br>Profondeur : 2,15mm<br>Limite : Pas de sélection<br>**Profil/Surface**<br>Sélection : Esquisse.14<br>☐ Epaissir<br>Inverser le côté<br>☐ Extension symétrique<br>Inverser la direction<br>Plus>><br>OK Annuler Aperçu |

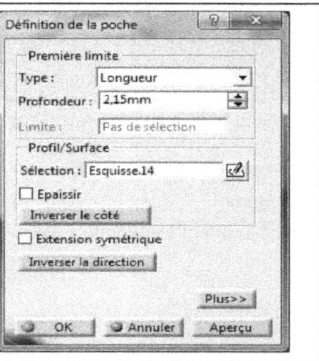

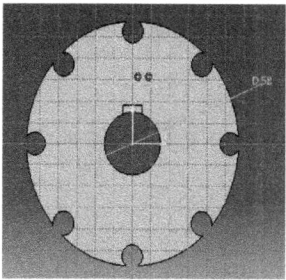

| | |
|---|---|
| Cliquez sur l'icône [icône] et remplissez le tableau qui s'affiche comme suit | **Définition du plan**<br>Type de plan : Décalé<br>Référence : Plan.1<br>Décalage : 15,15mm<br>Inverser la Direction<br>☐ Répéter l'objet après OK<br>OK   Annuler   Aperçu |
| Sélectionnez le plan XY (à partir de l'arbre ou du repère) et cliquez sur [icône] .<br>Un grille apparaît.<br>- Dessinez l'esquisse suivante | [image] |
| Cliquez sur l'icône poche [icône] et remplissez le tableau qui s'affiche comme suit.<br>Valider par OK. | **Définition de la poche**<br>Première limite<br>Type : Longueur<br>Profondeur : 2,15mm<br>Limite : Pas de sélection<br>Profil/Surface<br>Sélection : Esquisse.14<br>☐ Epaissir<br>Inverser le côté<br>☐ Extension symétrique<br>Inverser la direction<br>Plus>><br>OK   Annuler   Aperçu |
| Cliquez sur l'icône [icône] et remplissez le tableau qui s'affiche comme suit | **Définition du plan**<br>Type de plan : Décalé<br>Référence : Plan.1<br>Décalage : 15,15mm<br>Inverser la Direction<br>☐ Répéter l'objet après OK<br>OK   Annuler   Aperçu |

| | |
|---|---|
| Cliquez sur l'icône poche et remplissez le tableau qui s'affiche comme suit. Valider par OK. | |
| Sélectionnez le profil, cliquez sur l'icône d'extrusion et remplissez le tableau qui s'affiche comme suit | |
| Sélectionnez le plan XY (à partir de l'arbre ou du repère) et cliquez sur . Un grille apparaît. - Dessinez l'esquisse suivante | |
| Cliquez sur l'icône poche et remplissez le tableau qui s'affiche comme suit. Valider par OK. | |

| | |
|---|---|
| Cliquez sur l'icône trou au centre [icône] Remplissez le tableau qui s'affiche comme suit | |
| Sélectionnez le plan XY (à partir de l'arbre ou du repère) et cliquez sur [icône]. Un grille apparaît. - Dessinez l'esquisse suivante | |
| Sélectionnez le plan XY (à partir de l'arbre ou du repère) et cliquez sur [icône]. Un grille apparaît. - Dessinez l'esquisse suivante | |
| Cliquez sur l'icône poche [icône] et remplissez le tableau qui s'affiche comme suit. Valider par OK. | |

| | |
|---|---|
| Cliquez sur l'icône [⟋] et remplissez le tableau qui s'affiche comme suit. | **Définition du plan**<br>Type de plan : Décalé<br>Référence : Poche.7\Face.2<br>Décalage : 19,65mm<br>Inverser la Direction<br>☐ Répéter l'objet après OK<br>OK   Annuler   Aperçu |
| Sélectionnez le plan XY (à partir de l'arbre<br>ou du repère) et cliquez sur [✎].<br>Un grille apparaît.<br>- Dessinez l'esquisse suivante | |
| Cliquez sur l'icône poche [▣]<br>et<br>remplissez le tableau qui s'affiche comme suit.<br>Valider par OK. | **Définition de la poche**<br>Première limite<br>Type : Longueur<br>Profondeur : 2mm<br>Limite : Pas de sélection<br>Profil/Surface<br>Sélection : Esquisse.22<br>☐ Epaissir<br>Inverser le côté<br>☐ Extension symétrique<br>Inverser la direction<br>Plus>><br>OK   Annuler   Aperçu |

## 6.11 Conclusion

La conception des pièces par le logiciel CATIA peut être suivie par la fabrication grâce aux ateliers de FAO à travers lesquels on peut extraire le programme d'usinage.

# CHAPITRE 7

# DOSSIER DE FABRICATION

## 7.1 Introduction

Une gamme de fabrication est la liste de toutes les étapes à exécuter dans le but d'usiner les pièces qui composent e mécanisme. Une gamme de fabrication doit décrire chaque étape.

## 7.2 Gamme d'usinage

Gamme de fabrication
Pièce : cylindre revolver
Matériau : S300

| N° de phase | Désignation des phases, sous phase et opération | Machine utilisée | Appareillage Outils-composant vérificateurs | Croquis de la pièce à ces divers stades d'usinage |
|---|---|---|---|---|
| 10 | Contrôle de brut | Atelier de contrôle | | |
| 20 | Alésage | | Fraise de Ø55 | |
| | Mise en position isostatique défini par : | Aléseuse horizontale | Fraise de Ø50 | |
| | -appui plan (1, 2,3) | | | |
| | -centrage court (4,5) | | Pied à coulisse (1/10) | |
| | -butée 6 | | | |
| | - immobilisation en S | | Palmer intérieur | |
| A | | | Rugosimètre | |
| | Alésage en finition de 1 suivant : Cf1 = 52 Cf2 = Ø 55 Ra = 1.6 | | Montage de contrôle de // | |
| B | | | Outil à aléser | |
| | Alésage en finition de 2 suivant : Cf3 = 40.5 Cf4 = Ø 50 | | | |
| | | 2 \| // \| 0.07 \| 1 | Perceuse | | |
| | Ra = 1.6 | | | |
| C | | | | |
| | Perçage en finition directe de 3 suivant : Cf 5 =Ø8 | Fraiseuse | foret de Ø8 | |
| | | 3 \| ⊥ \| 0.2 \| 11 | | Fraise pilote de Ø=$16^{\pm0.1}$ | |
| D | | | Montage de contrôle de ◎ | |
| | Lamage de 4 en finition directe suivant : Cf 6 =Ø16 | | | |
| | | 4 \| ◎ \| 0.2 \| 3 | | | |

| E | Perçage en finition directe de A, B, C, D, E, F, G et H suivant : Cf 7 = 53    ; Cf 8 =Ø11 | Perceuse | Foret de Ø=11 Pied à coulisse (1/10) Montage de contrôle de ⊥ | |
|---|---|---|---|---|
| | | A \| ⊥ \| 0.2 \| 11 | | | |
| F | Chambrage de 7 et 8 suivant : Cf 9 = 2   ; Cf 10 =Ø58   ;  Cf 11=50.5 Cf 12 = 2.15 ; Cf 13 =Ø58   ; Cf 14 =60.5 | fraiseuse | | | |
| | 7 et 8 \| ◎ \| 0.2 \| 6 | | Fraise Ø58 | |
| 30 | Alésage Mise en position isostatique défini par : -appui plan (1, 2,3) -centrage court (4,5) -butée 6 - immobilisation en S | Aléseuse horizontale | Pied à coulisse (1/10) Palmer intérieur Rugosimètre Montage de contrôle de // | |
| A | | | | |
| | Alésage en finition de 9 suivant : Cf15 = 40.5 Cf16 = Ø 30 Ra = 1.6 | fraiseuse | Fraise 3T | |
| B | | | | |
| | Mortaisage de 10  suivant : Cf 17= 4 ; Cf 18=30 ; Cf 19 =10 | | | |
| 40 | Contrôle final | Atelier de contrôle | | |

| Phase de | | Préparation à la Production | |
|---|---|---|---|
| Ensemble : | **Contrat de phase** | | |
| Pièce : obstacle | | | |
| Matière : S300 | | Date : | |
| Programme : | Porte-pièces : | Dessiné par : | |

| N° d'opération | Désignation des opérations | Appareillage outils coupant et vérificateurs |
|---|---|---|
| 1 | Fraiser 1, 2, 3, et 4 | Fraise 3 Tailles de Ø 16 |
| 2 | Tournage de 5 | Outil à charioter |
| 3 | Fraiser en finition 4 | Fraise à une taille de Ø 10 |
| 4 | Fraiser 9 | Fraise 2 T de Ø 30 |
| 5 | Tournage en finition de 8 | Outil à charioter |
| 6 | Fraiser 6 | Fraise à une taille de Ø 10 |
| 7 | Fraiser 7 | Fraise à une taille de Ø 10 |
| 8 | Centrer 10, 11, 12, et 13 | Foret à centrer |
| 9 | Percer 10, 11, 12, et 13 | Foret de Ø 10 |
| 10 | Réalisation de deux gorges | Outil à saigner |

| N° de phase | Désignation des phases, sous phase et opération | Machine utilisée | Appareillage Outils-composant vérificateurs | Croquis de la pièce à ces divers stades d'usinage |
|---|---|---|---|---|
| | Gamme de fabrication<br>Pièce : guide ; nombre = 2<br>Matériau : Al Cu 4 Mg Ti | | | |
| 10 | Contrôle de brut | Atelier de contrôle | | |
| 20<br><br><br><br><br><br><br><br>A<br><br><br><br><br><br><br>B | Perçage<br>Mise en position isostatique défini par :<br>-appui plan (1, 2,3)<br>-centrage court (4,5)<br>-butée 6<br>- immobilisation en S<br><br><br>Perçage en finition de A suivant :<br>Cf1 = 7<br>Cf2 = 12<br><br><br>Chanfreinage en B | Perceuse<br><br><br>tour | Pied à coulisse (1/10)<br>Palmer intérieur<br>Rugosimètre<br>Montage de contrôle de //<br>Foret de Ø 12<br><br>Outil à chanfreiner | |
| 30<br><br><br><br><br>A<br><br>B<br><br>C | Mise en position isostatique défini par :<br>-appui plan (1, 2,3)<br>-centrage court (4,5)<br>-butée 6<br>- immobilisation en S<br><br>Fraisage de D et C<br><br>Perçage de E, F, G, et H<br><br>Filetage | Fraiseuse<br>perceuse<br>tour | Fraise de Ø12<br>Foret de Ø4<br>Outil à fileter | |

| 40 | Chafreinage

Mise en position isostatique défini par :
-appui plan (1, 2,3)
-centrage court (4,5)
-butée 6
- immobilisation en S | Tour | Outil à chanfreiner | |
| 30 | Contrôle final | Atelier de contrôle | | |

Gamme de fabrication
Pièce : Entaille
Matériau : C 45

| N° de phase | Désignation des phases, sous phase et opération | Machine utilisée | Appareillage Outils-composant vérificateurs | Croquis de la pièce à ces divers stades d'usinage |
|---|---|---|---|---|
| 10 | Contrôle de brut | Atelier de contrôle | | |
| 20 | Perçage

Mise en position isostatique définie par :
-appui plan (1, 2,3)
-centrage court (4,5)
-butée 6
- immobilisation en S
Perçage des 12 trous

| 1 | ⊥ | 0.2 | 2 | | Perceuse | Forets de Ø5 et Ø6 | |
| 30

A | Fraisage
Mise en position isostatique définie par :
-appui plan (1, 2,3)
-centrage court (4,5)
-butée 6
- immobilisation en S

Taraudage des 12 trous | fraiseuse | Taraud

Fraise 2 T de Ø22 | |

| | | | | |
|---|---|---|---|---|
| B | Fraisage du trou oblong | | | |
| C | Alésage de A | | | |
| D | Fraisage de B | | | |
| 30 | Perçage<br><br>Mise en position isostatique défini par :<br>-appui plan (1, 2,3)<br>-centrage court (4,5)<br>-butée 6<br>- immobilisation en S | Fraiseuse | Foret de Ø8<br>Outil à tarauder<br>Fraise pilote de Ø=16$^{\pm0.1}$ | |
| A | Perçage des quatre trous | | | |
| B | Lamage des trous | | | |
| C | Taraudage des quatre trous | | | |
| 30 | Contrôle final | Atelier de contrôle | | |

## 7.3  Conclusion

La gamme d'usinage est un document établi par le Bureau des Méthodes. Il sert à vérifier le processus opérationnel de la phase considérée. Ce document est évolutif.

# CONCLUSION GÉNÉRALE

Les travaux de ce projet de fin d'étude visent à concevoir un dispositif d'insertion des goutteurs dans une ligne de production des tubes d'irrigation goutte à goutte. Dés le début de l'étude, une recherche bibliographique est avérée nécessaire afin de tracer les contours de l'étude et d'apprécier sa faisabilité au regard des objectifs fixés. Cette partie nous a permis, non seulement de découvrir un nouveau domaine, mais aussi de comprendre les mécanismes existants ainsi que leurs avantages et inconvénients.

Suite à l'analyse du besoin et du cahier des charges client, l'analyse fonctionnelle a permis de définir les fonctions de services et de contraintes auxquelles il faut répondre. Ces fonctions ont été bien définies dans des limites de flexibilité nécessaires au fonctionnement du système d'insertion.

La recherche de solutions techniques qui satisfont les fonctions de services identifiées ont été obtenues et discutées par la méthode FAST. Cette méthode nous a permis de décrire les systèmes techniques, les solutions technologiques ainsi que les composantes de la machine.

Une modélisation statique et cinématique a été conduite sur la base de la solution retenue. L'ensemble du système a été décomposé en sous ensembles, dont on a choisit la meilleure solution qui répond le mieux aux objectifs. Les mobilités on été déterminées ainsi que les hyperstaticités.

Pour voir plus clair, l'ensemble du système mécanique a été conçu par CATIA. Cette tâche nous a été d'une grande utilité aussi bien comme complément à notre formation d'ingénieur ou nous avons pu découvrir des aspects de fonctionnalité et des nouveaux modules du logiciel. La conception et l'assemblage des différentes pièces ainsi que l'animation du système ont montré son bon fonctionnement.

# PERSPECTIVES

Les résultats obtenus suite à notre étude devraient empêcher et/ou éviter les dommages aux goutteurs ou leur perte, et réduit en même temps les coûts de main d'œuvre et installation. Nous pensons qu'une analyse par la méthode AMEDEC doit être menée; elle permettra d'identifier d'autres pannes potentielles. L'animation sur CATIA devrait aussi aider à détecter ces mêmes pannes à condition de procéder à une modélisation réelle du système.

Enfin, Nous sommes impatients de mettre en place le système d'insertion et valider le cahier des charges qu'on nous a demandé initialement pour valider les résultats obtenus d'une part et préparer un plan d'amélioration potentielle d'une autre part.

# ANNEXES

**Tableau 17**: tolérances générales

## 16.41 Écarts pour éléments usinés

NF EN 22768 – ISO 2788

| | Dimensions linéaires | | | | | Angles cassés | | | Dimensions angulaires | | | |
| | | | | | | Rayons – chanfreins | | | Dimension du côté le plus court | | | |
|---|---|---|---|---|---|---|---|---|---|---|---|---|
| Classe de précision | 0,5 à 3 inclus | 3 à 6 | 6 à 30 | 30 à 120 | 120 à 400 | 0,5 à 3 inclus | 3 à 6 | > 6 | Jusqu'à 10 | 10 à 50 inclus | 50 à 120 | 120 à 400 |
| f (fin) | ± 0,05 | ± 0,05 | ± 0,1 | ± 0,15 | ± 0,2 | ± 0,2 | ± 0,5 | ± 1 | ± 1° | ± 30' | ± 20' | ± 10' |
| m (moyen) | ± 0,1 | ± 0,1 | ± 0,2 | ± 0,3 | ± 0,5 | ± 0,2 | ± 0,5 | ± 1 | | | | |
| c (large) | ± 0,2 | ± 0,3 | ± 0,5 | ± 0,8 | ± 1,2 | ± 0,4 | ± 1 | ± 2 | ± 1° 30' | ± 1° | ± 30' | ± 15' |
| v (très large) | – | ± 0,5 | ± 1 | ± 1,5 | ± 2,5 | ± 0,4 | ± 1 | ± 2 | ± 3° | ± 2° | ± 1° | ± 30' |

**Tableau 18**: tolérances géométriques

| Tolérances géométriques | | | | | | | | | | | | |
|---|---|---|---|---|---|---|---|---|---|---|---|---|
| Tolérances | — | | | ▱ | | | ⊥ | | | = | | ∥∥ Axial Radial |
| Classe de précision | Jusqu'à 10 | 10 à 30 inclus | 30 à 100 | 100 à 300 | 300 à 1 000 | Jusqu'à 100 | 100 à 300 | 300 à 1 000 | Jusqu'à 100 | 100 à 300 | 300 à 1 000 | Toutes dimensions |
| H (fin) | 0,02 | 0,06 | 0,1 | 0,2 | 0,3 | 0,2 | 0,3 | 0,4 | 0,5 | 0,5 | 0,5 | 0,1 |
| K (moyen) | 0,05 | 0,1 | 0,2 | 0,4 | 0,6 | 0,4 | 0,6 | 0,8 | 0,6 | 0,6 | 0,8 | 0,2 |
| L (large) | 0,1 | 0,2 | 0,4 | 0,8 | 1,2 | 0,6 | 1 | 1,5 | 0,6 | 1 | 1,5 | 0,5 |

| // | ○ | ◎ |
|---|---|---|
| Même valeur que la tolérance dimensionnelle ou de rectitude ou de planéité si elles sont supérieures. | Même valeur que la tolérance diamétrale mais à condition de rester inférieure à la tolérance de battement. | Les écarts de coaxialité sont limités par les tolérances de battement. |

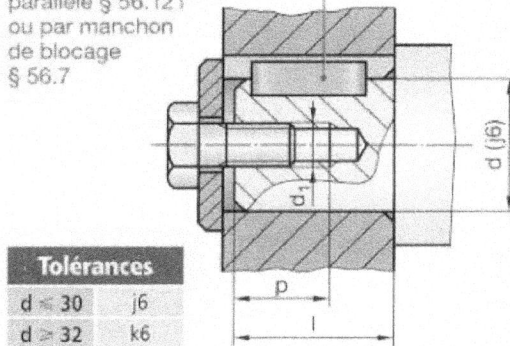

Liaison en rotation par clavette parallèle § 56.121 ou par manchon de blocage § 56.7

**Tolérances**

| | |
|---|---|
| d ≤ 30 | j6 |
| d ≥ 32 | k6 |

**Figure 13 : liaison arbre-moyeu (bout d'arbre cylindrique).**

Tableau 19: dimensions de la liaison arbre-moyeu

| d | $d_1$ | $d_2$ | p | Série longue | | | Série courte | | | a | b |
|---|---|---|---|---|---|---|---|---|---|---|---|
| | | | | l | $l_1$ | j | l | $l_1$ | j | | |
| 6 | – | M4 | – | 16 | 10 | – | – | – | – | – | – |
| 7 | – | M4 | – | 16 | 10 | – | – | – | – | – | – |
| 8 | – | M6 | – | 20 | 12 | – | – | – | – | – | – |
| 9 | – | M6 | – | 20 | 12 | – | – | – | – | – | – |
| 10 | M4 | M6 | 10 | 23 | 15 | – | – | – | – | – | – |
| 11 | M4 | M6 | 10 | 23 | 15 | 9,05 | – | – | – | 2 | 2 |
| 12 | M4 | M8 × 1 | 10 | 30 | 18 | 9,9 | – | – | – | 2 | 2 |
| 14 | M5 | M8 × 1 | 13 | 30 | 18 | 11,3 | – | – | – | 3 | 3 |
| 16 | M5 | M10 × 1,25 | 13 | 40 | 28 | 12,8 | 28 | 16 | 13,4 | 3 | 3 |
| 18 | M6 | M10 × 1,25 | 16 | 40 | 28 | 14,1 | 28 | 16 | 14,7 | 4 | 4 |
| 19 | M6 | M10 × 1,25 | 16 | 40 | 28 | 15,1 | 28 | 16 | 15,7 | 4 | 4 |
| 20 | M6 | M12 × 1,25 | 16 | 50 | 36 | 15,7 | 36 | 22 | 16,4 | 4 | 4 |
| 22 | M8 | M12 × 1,25 | 19 | 50 | 36 | 17,7 | 36 | 22 | 18,4 | 4 | 4 |
| 24 | M8 | M12 × 1,25 | 19 | 50 | 36 | 19,2 | 36 | 22 | 19,9 | 5 | 5 |
| 25 | M10 | M16 × 1,5 | 22 | 60 | 42 | 19,9 | 42 | 24 | 20,8 | 5 | 5 |
| 28 | M10 | M16 × 1,5 | 22 | 60 | 42 | 22,9 | 42 | 24 | 23,8 | 5 | 5 |
| 30 | M10 | M20 × 1,5 | 22 | 80 | 58 | 24,1 | 58 | 36 | 25,2 | 5 | 5 |
| 32 | M12 | M20 × 1,5 | 28 | 80 | 58 | 25,6 | 58 | 36 | 26,7 | 6 | 6 |

Tableau 20: dimensions des clavettes longitudinales pour la liaison arbre-moyeu

| d | a | b | s | j | k | d | a | b | s | j | k |
|---|---|---|---|---|---|---|---|---|---|---|---|
| de 6 à 8 inclus | 2 | 2 | 0,16 | d – 1,2 | d + 1 | 58 à 65 | 18 | 11 | 0,6 | d – 7 | d + 4,4 |
| 8 à 10 | 3 | 3 | 0,16 | d – 1,8 | d + 1,4 | 65 à 75 | 20 | 12 | 0,6 | d – 7,5 | d + 4,9 |
| 10 à 12 | 4 | 4 | 0,16 | d – 2,5 | d + 1,8 | 75 à 85 | 22 | 14 | 1 | d – 9 | d + 5,4 |
| 12 à 17 | 5 | 5 | 0,25 | d – 3 | d + 2,3 | 85 à 95 | 25 | 14 | 1 | d – 9 | d + 5,4 |
| 17 à 22 | 6 | 6 | 0,25 | d – 3,5 | d + 2,8 | 95 à 110 | 28 | 16 | 1 | d – 10 | d + 6,4 |
| 22 à 30 | 8 | 7 | 0,25 | d – 4 | d + 3,3 | 110 à 130 | 32 | 18 | 1 | d – 11 | d + 7,4 |
| 30 à 38 | 10 | 8 | 0,4 | d – 5 | d + 3,3 | 130 à 150 | 36 | 20 | 1,6 | d – 12 | d + 8,4 |
| 38 à 44 | 12 | 8 | 0,4 | d – 5 | d + 3,3 | 150 à 170 | 40 | 22 | 1,6 | d – 13 | d + 9,4 |
| 44 à 50 | 14 | 9 | 0,4 | d – 5,5 | d + 3,8 | 170 à 200 | 45 | 25 | 1,6 | d – 15 | d + 10,4 |
| 50 à 58 | 16 | 10 | 0,6 | d – 6 | d + 4,3 | 200 à 230 | 50 | 28 | 1,6 | d – 17 | d + 11,4 |

Nota : L'emploi d'une clavette, sur un arbre de dimension supérieure, est possible.

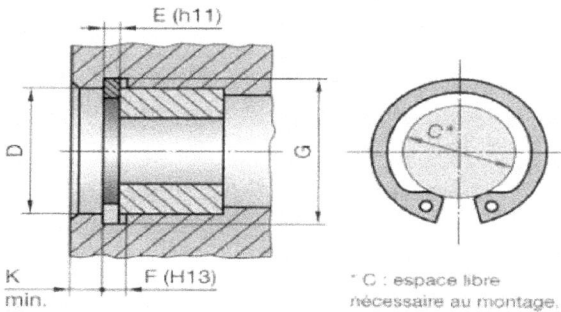

* C : espace libre nécessaire au montage.

Figure 14 : montage anneau extérieur (pour alésage)

Tableau 21: dimensions des anneaux élastiques (pour alésage)

| D | E | C | F | G | Tol. G | K | Fa* | D | E | C | F | G | Tol. G | K | Fa* |
|---|---|---|---|---|--------|---|-----|---|---|---|---|---|--------|---|-----|
| 8 | 0,8 | 3,2 | 0,9 | 8,4 | + 0,09 | 0,6 | 2 | 45 | 1,75 | 31,6 | 1,85 | 47,5 | 0 + 0,25 | 3,75 | 43,1 |
| 9 | 0,8 | 4 | 0,9 | 9,4 | 0 | 0,6 | 2 | 50 | 2 | 36 | 2,15 | 53 | | 4,5 | 60,8 |
| 10 | 1 | 3,7 | 1,1 | 10,4 | | 0,6 | 4 | 55 | 2 | 40,4 | 2,15 | 58 | | 4,5 | 60,3 |
| 12 | 1 | 4,7 | 1,1 | 12,5 | + 0,11 | 0,75 | 4 | 60 | 2 | 44,4 | 2,15 | 63 | + 0,30 | 4,5 | 61 |
| 15 | 1 | 7 | 1,1 | 15,7 | 0 | 1,05 | 5 | 65 | 2,5 | 48,8 | 2,65 | 68 | 0 | 4,5 | 121 |
| 17 | 1 | 8,4 | 1,1 | 17,8 | | 1,2 | 6 | 70 | 2,5 | 53,4 | 2,65 | 73 | | 4,5 | 119 |
| 20 | 1 | 10,6 | 1,1 | 21 | 0 + 0,13 | 1,5 | 7,2 | 75 | 2,5 | 58,4 | 2,65 | 78 | | 4,5 | 118 |
| 22 | 1 | 13,6 | 1,1 | 23 | | 1,5 | 8 | 80 | 2,5 | 62 | 2,65 | 83,5 | | 5,25 | 120 |
| 25 | 1,2 | 15 | 1,3 | 26,2 | + 0,21 | 1,8 | 14,6 | 85 | 3 | 66,8 | 3,15 | 88,5 | + 0,35 | 5,25 | 201 |
| 28 | 1,2 | 18,4 | 1,3 | 29,4 | 0 | 2,1 | 13,3 | 90 | 3 | 71,8 | 3,15 | 93,5 | 0 | 5,25 | 199 |
| 30 | 1,2 | 19,4 | 1,3 | 31,4 | | 2,1 | 13,7 | 95 | 3 | 76,4 | 3,15 | 98,5 | | 5,25 | 195 |
| 32 | 1,2 | 20,2 | 1,3 | 33,7 | + 0,25 | 2,55 | 13,8 | 100 | 3 | 81 | 3,15 | 103,5 | | 5,25 | 188 |
| 35 | 1,5 | 23,2 | 1,6 | 37 | 0 | 3 | 26,9 | 105 | 4 | 86 | 4,15 | 109 | + 0,54 | 6 | 436 |
| 40 | 1,75 | 27,4 | 1,85 | 42,5 | | 3,75 | 44,6 | 110 | 4 | 88,2 | 4,15 | 114 | 0 | 6 | 415 |

Tableau 22: dimensions des anneaux élastiques (pour arbre)

| d | e | c | f | g | Tol. g | k | Fa* | d | e | c | f | g | Tol. g | k | Fa* |
|---|---|---|---|---|--------|---|-----|---|---|---|---|---|--------|---|-----|
| 3 | 0,4 | 6,8 | 0,5 | 2,8 | 0 - 0,04 | 0,3 | 0,47 | 28 | 1,5 | 38,4 | 1,6 | 26,6 | 0 | 2,1 | 32,1 |
| 4 | 0,4 | 8,4 | 0,5 | 3,8 | 0 | 0,3 | 0,60 | 30 | 1,5 | 41 | 1,6 | 28,6 | - 0,21 | 2,1 | 32,1 |
| 5 | 0,6 | 10,7 | 0,7 | 4,8 | - 0,048 | 0,3 | 1 | 32 | 1,5 | 43,4 | 1,6 | 30,3 | | 2,55 | 31,2 |
| 6 | 0,7 | 12,2 | 0,8 | 5,7 | | 0,45 | 1,45 | 35 | 1,5 | 47,2 | 1,6 | 33 | 0 | 3 | 30,8 |
| 7 | 0,8 | 13,2 | 0,9 | 6,7 | 0 | 0,45 | 2,6 | 40 | 1,75 | 53 | 1,85 | 37,5 | - 0,25 | 3,75 | 51 |
| 8 | 0,8 | 15,2 | 0,9 | 7,6 | - 0,058 | 0,6 | 3 | 45 | 1,75 | 59,4 | 1,85 | 42,5 | | 3,75 | 49 |
| 9 | 1 | 15,4 | 1,1 | 8,6 | | 0,6 | 3,5 | 50 | 2 | 64,8 | 2,15 | 47 | | 4,5 | 73,3 |
| 10 | 1 | 17,6 | 1,1 | 9,6 | | 0,6 | 4 | 55 | 2 | 70,4 | 2,15 | 52 | | 4,5 | 71,4 |
| 12 | 1 | 19,6 | 1,1 | 11,5 | | 0,75 | 5 | 60 | 2 | 75,8 | 2,15 | 57 | | 4,5 | 69,2 |
| 14 | 1 | 22 | 1,1 | 13,4 | 0 | 0,9 | 6,4 | 65 | 2,5 | 81,6 | 2,65 | 62 | 0 | 4,5 | 135,6 |
| 15 | 1 | 23,2 | 1,1 | 14,3 | - 0,11 | 1,05 | 6,9 | 70 | 2,5 | 87,2 | 2,65 | 67 | - 0,30 | 4,5 | 134,2 |
| 17 | 1 | 25,6 | 1,1 | 16,2 | | 1,2 | 8 | 75 | 2,5 | 92,8 | 2,65 | 72 | | 4,5 | 130 |
| 20 | 1,2 | 29 | 1,3 | 19 | 0 - 0,13 | 1,5 | 17,1 | 80 | 2,5 | 98,2 | 2,65 | 76,5 | | 5,25 | 128,4 |
| 22 | 1,2 | 31,4 | 1,3 | 21 | 0 | 1,5 | 16,9 | 85 | 3 | 104 | 3,15 | 81,5 | 0 | 5,25 | 215,4 |
| 25 | 1,2 | 34,8 | 1,3 | 23,9 | - 0,21 | 1,65 | 16,2 | 90 | 3 | 109 | 3,15 | 86,5 | - 0,35 | 5,25 | 217 |

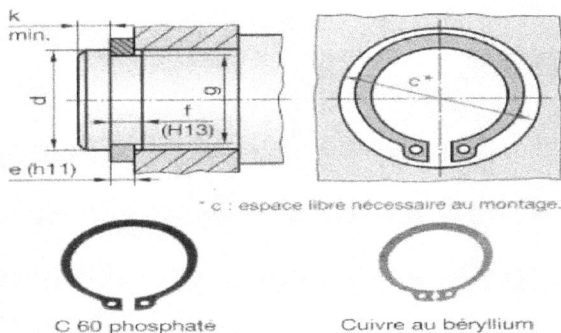

* c : espace libre nécessaire au montage.

C 60 phosphaté     Cuivre au béryllium

Figure 15 : montage anneau extérieur (pour arbre)

# RÉFÉRENCES BIBLIOGRAPHIQUES

[1] : Guide du dessinateur industriel - Chevalier

[2] : Guide de Mécanique

[3] : GEL_2009_Construction_mecanique.

[4] : Livre-Calcul-Construction-Industrielle-Mécanique

[5] : noel.wifeo.com